天工开物

CCTV

《天工开物》栏目

编著

器物科技简史

U0195794

上海科学技术文献出版社

Shanghai Scientific and Technological Literature Press

图书在版编目（CIP）数据

器物科技简史 /CCTV《天工开物》栏目编著 . 一上海：
上海科学技术文献出版社，2019(2020.7重印)
　　ISBN 978-7-5439-7416-6

　　Ⅰ.① 器…　Ⅱ.①C…　Ⅲ.①手工业史—中国—古代—
青少年读物　Ⅳ.① N092-49

　　中国版本图书馆 CIP 数据核字 (2019) 第 055044 号

策划编辑：张　树
责任编辑：付婷婷　曹　惠
封面设计：樱　桃

器物科技简史
QIWU KEJI JIANSHI
CCTV《天工开物》栏目　编著
出版发行：上海科学技术文献出版社
地　　址：上海市长乐路 746 号
邮政编码：200040
经　　销：全国新华书店
印　　刷：常熟市华顺印刷有限公司
开　　本：720×1000　1/16
印　　张：11.75
字　　数：139 000
版　　次：2019 年 4 月第 1 版　2020年 7 月第 2 次印刷
书　　号：ISBN 978-7-5439-7416-6
定　　价：50.00 元
http://www.sstlp.com

目　录

NO.1 铠甲

身着皮甲的武士

大多数人都认为铠甲是金属的，其实中国的铠甲多种多样，除了铁甲以外，还有皮的、棉的，甚至还有纸做的。分类也很细致：有骑兵穿的甲、步兵穿的甲，还有战车上士兵穿的甲。

在湖北省随县曾侯乙墓出土的战国早期的甲，是用皮革做成的。这个皮甲还配有一顶用皮甲片编缀的头盔，也叫"胄"。

皮甲由甲身、甲裙和甲袖三部分构成。甲身是固定编缀，甲裙和甲袖都可以上下伸缩，便于作战。甲片的表面还涂有黑漆，用红色的带索编联，色泽十分鲜艳。

甲胄的制作和发展，是随着社会的变革、生产技术的发展而变化的。先秦时期甲胄主要由皮革制造，称为"甲""介"或"函"。战国后期，开始用铁制造，改称金字旁的"铠"，但皮质的仍称"甲"。唐宋以后，不分质料，或称"铠"，或称"甲"，或"铠甲"连称。

《考工记》是春秋时期齐国的一部官书，其中的"函人为甲"一节完整地总结了选材、制甲的全套工艺。

白荣金老先生是研究古代甲胄的专家，我们在博物馆中看到的中国古代铠甲的复原品和复制品，大多是他亲手修复和制作的。在白荣金看来，中国铠甲的制作，就像他喜爱的太极拳一样，处处体现了中国人以柔克刚的哲学思想和变化莫测的精妙技术。

白荣金复原的第一个甲，是河北省满城县出土的西汉中山靖王刘胜的甲。这是一领由鱼鳞甲片组成

曾侯乙墓出土的皮甲（复原图）

战国皮甲

铁胄

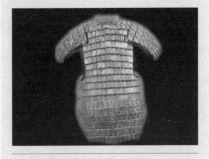

秦代石甲

东周铜胄

汉代铁甲一

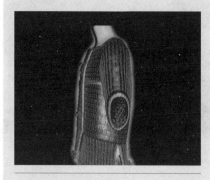
汉代铁甲二

的铠甲，是当时王公贵族穿用的。

王雪纯："这领甲的做工在当时一定是十分讲究、十分精细的吧！"

白荣金："这领甲是铁甲。甲片由纯铁热锻制成。一共用了2 859片甲片，重16千克。只用两种甲片组成，十分简洁。"

王雪纯："我发现这些甲片在编缀时都是上片压下片，为什么这么编？"

白荣金："受力问题。"

王雪纯："我还发现这个甲的甲片都有些弧度，刚才您说这些甲片都是由纯铁热锻制成的，那么，在2 000多年前，我国钢铁冶炼技术是不是已经达到了相当高的水平？"

白荣金："对。"

王雪纯："整个甲都是铁制的，那它会不会很重呢？"

白荣金："这甲重量是16.85千克，也就是33斤多一点，你不妨穿上试试。"

王雪纯："是不轻，但还是挺灵活的。"

王雪纯："这个甲裙为什么是下

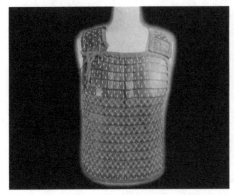

汉代铁甲三

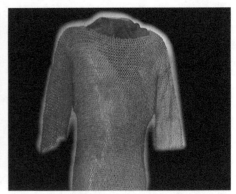

锁子甲

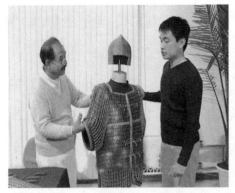

主持人与专家交流

专家演示甲片的编缀

甲片的制作

专家与主持人交流

压上呢?"

白金荣:"是为了抬腿方便。"

王雪纯:"我们的祖先确实很聪明,看上去没什么了不起的铠甲,也有着这么多的技巧与门道。"

(崔黎黎)

NO.2 纸
——记载人类文明

各种报纸

人类在现代文明生活中离不开纸——读书、看报、写字、作画、货币、广告、包装等都需要纸。各种各样、五颜六色的纸，早已成为人们不可或缺的日常用品。

纸，对于人类文明的积累和传播起着无法估量的推动作用，在享受现代文明的今天，我们已经很难想象没有纸将是多么艰难。

《周易·系辞》中记有"上古结绳而治，后世圣人易之以书契"。这表明古人早先是用结绳来记事的。而在文字出现后，我们的祖先靠龟甲、

片名

《周易》

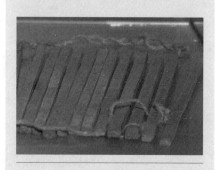

竹简

绢

兽骨、金石、竹简、木牍、缣帛之类记事。虽然达到了记载事件的目的，但还是有诸多不便。

相传战国思想家惠施外出游学时，随身携带的书就足足装了五车，因此就有了"学富五车"的典故。

我国发现最早的"纸"字是以小篆书写的，从字形上看，这个"纟"旁的"纸"字，是否与蚕丝的加工技术有着千丝万缕的联系呢？

董琦："在中国古代，真正的纸张出现以前，据古代文献记载，有一种方絮纸，也叫絮纸。所谓的方絮纸或者絮纸，实际上是在缲丝过程中，不太好的茧，病茧、恶茧、双茧做成的絮。但是，絮纸或者方絮纸不是专门作为纸使用的，严格意义上来说它不是纸，只是一种絮。但是这种絮的制作过程，给后来的造纸技术很大的启发。"

伴随着生产的发展、社会的进步，我们的祖先不断地寻找新的书写材料，最终发明了"纸"。

说起我国造纸术的发明，我们

都会想到一个名字——蔡伦。《后汉书·蔡伦传》中明确记载着：由于竹简笨重、缣帛昂贵都不便于使用，蔡伦便利用树皮、破布头、旧渔网制造了"纸"，并在元兴元年献给了汉和帝。汉和帝看到后非常高兴，便下诏命名这种纸为"蔡伦纸"。

从此，人们常把蔡伦向汉和帝献纸的那一年——元兴元年，即公元105年，作为纸诞生的年份，蔡伦也因此被奉为造纸祖师。由于蔡伦改进了造纸术，为中国和世界文化的发展做出了重大贡献，所以蔡伦受到国内外人们的纪念和尊敬，蔡伦造纸似乎也成定论。

但是，20世纪30年代以来几十年的考古发掘，似乎又给中国的造纸术增添了新的色彩。

在出土的多种古纸中，我们不难看出，早在公元前2世纪的西汉初期，我国已经发明了造纸术，而当时造出的纸已经可以用于书写和绘图，这比蔡伦早了两三百年。但是由于当时技术水平的限制，那时

"纸"字分解图

蚕茧

蔡伦像

蔡伦向汉和帝献纸

灞桥纸

金关纸

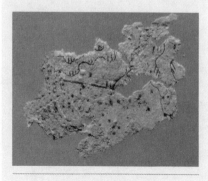
地图纸

候制造出来的纸大多粗糙、不易书写，因此只能说是纸的前身。

也许正是这一缘故，再加上蔡伦的造纸术是我国古书上有记载的最早的造纸方法，一直以来我们还是把蔡伦誉为——纸王。

虽然东汉的蔡伦不是纸的最早发明者，但他改进造纸技术，扩大了造纸原料的来源，降低了纸的成本。更重要的是：蔡伦造纸是用树皮做原浆纸的先声，为造纸业的发展开辟了广阔的途径。

要使造纸原料成为真正意义上的纸，通常要经过切碎、浸湿、蒸煮、抄纸、压纸、烘烤等复杂的工艺流程。蔡伦的造纸工艺不同于以往，主要差异在于对原料的加工。

王渝生："不同的原料有不同的工序。最早是用大麻或者苎麻来造纸，因为这类原料比较单纯，把它切碎、捣烂，变成纸浆就比较容易。但如果要用树皮（它实际上是现代木浆纸的先声），工艺要复杂一些。如果用破渔网、破布头做纸，工艺就更加复杂，很可能要用碱液进行蒸煮；为了褪色，有时候需要太阳晒，甚至需要日晒雨淋很长时间，有时候还需要用一种漂白剂，比如说用石灰水来蒸煮。"

中国科技馆的工作人员演示了古代造纸工艺的过程。首先将润滑剂加入已经打好的纸浆中。纸浆是由植物纤维构成的，因此当细竹帘荡过纸浆时，植物纤维便落在细密的竹帘上，形成了薄薄的纸张。由于润滑剂的作用，纸张不会相互粘贴在一起。当纸累积到一定厚度时，就要进行压纸了。纸张压好后就可以烘干成为书写的纸了。

蔡伦造纸术在魏晋时首先传到朝鲜，公元610年又传到日本。公元751年唐朝与阿拉伯发生战争时，又把造纸术传到了阿拉伯。以后叙利亚的大马士革、埃及和摩洛哥也相继学会了我国的造纸术。公元1150年，西班牙有了造纸工场，16世纪后，造纸术逐渐传遍了全世界。

随着工艺水平的不断进步，人

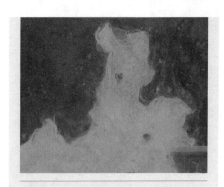

马圈湾纸

扶风中颜纸

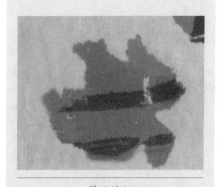

旱滩坡纸

造纸原料——黄麻

造纸原料——高粱秆

造纸工艺一

造纸工艺二

造纸术外传路线图

麻纸

竹纸

入潢纸

对红纸

真金手绘粉蜡纸

暗花纸

虎皮宣纸

们逐渐对纸张的美观性和实用性有了更多的要求，因此便有了瓷青纸、入潢纸、清代对红纸、暗花纸、洒金纸等。

这些琳琅满目的纸张都离不开古人创造的精湛技术，这些技术使得生产的纸张莹滑光润。这些都充分反映了我们祖先杰出的工艺水平及聪明才智。

纸成了无与伦比的最佳文字记载工具；中国古代造纸技术为人类文明发展史添上了灿烂的一笔。

（崔黎黎）

NO.3 铠甲与防弹衣

身着铠甲的武士

　　鱼、虾、蟹等动物为了保护自己的身体不受伤害，都在体外包裹了一层外衣，通常称之为鳞或甲壳。而人类在打仗的时候为了保护自己不受伤害，也仿效这类动物，特制了一种防御装备。古时的是铠甲，而今天的则是防弹衣。

　　在沈阳的文物考古研究所里，有一些支离破碎的铁片。专家说，这就是刚出土的古代铠甲碎片。看着它们，很难想象它昔日的模样和风采。然而经过专家们对这些碎片的细心整理和研究，铠甲的各个部分逐渐显

片名

出土甲片

出土铁胄

现代防弹衣

现出来，让我们依稀看到了当年铠甲的辉煌。

对那种弧形的铁甲片，甲胄专家白荣金先生演示了它的用途。原来这是一个专门用来保护脖颈的盆领，它弧状的造型正好可以贴紧脖子，有效地防止了刺向颈部的外力，而且它灵活的结构适应人体颈部的活动，使士兵可以在战斗的时候灵活地环顾四周，观察敌情。用现在的话来讲，这真是一个人性化的设计。

2 000多年过去了，在今天的防弹衣制作上，人们看到了相同的设计。它的护颈与千年前铠甲盆领的设计如出一辙。是受了古人的启发，还是今天的设计者与古人不谋而合？我们不敢确定，但这个设计的合理性和防护效果就不言而喻了。

其实仔细观察不难看出，现代的防弹衣与古代的铠甲，无论是胸部、肩部还是颈部都有许多相似之处。当然，今天的防护装备，无论是材料的使用，还是制作的技术都先进了许多，但铠甲中采用的最简单的防御结构和原理与防弹衣是基本相同的。古人的铠甲是如何起到防御作用的呢？

有一件西汉中山靖王刘胜甲的复制品，整个铠甲采用了细密的鱼鳞甲片编缀工艺。以胸甲为例，每个甲片相互层层叠压在一起，在看似单一的平面上，却有四个平面在同时受力。当一定的冲击力攻击这一平面时，四个平面分别单独作用，逐层分解了这个冲击力，从而达到保护身体的作用。当然，这种鱼鳞式的编缀方法还可以伸缩，便于穿着和修缮。

今天的科研人员也许正是受到了古人的启发，他们研制出来的防刺衣也采用了这种形式。打开防刺衣的内胆，可以清晰地看见一排排的并列结构，它们是由若干个鱼鳞状的钢质甲片相互连接而成的。这种可以上下缩合的钢质甲片对防刀刺有着很好的效能。现代防刺衣和古代将士们身穿的鱼鳞甲有异曲同

鱼鳞式甲

防弹衣中的鱼鳞式钢片

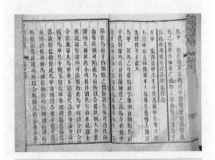

古书中对甲的记载

专家制作纸甲片

防弹衣的防弹试验

防弹衣内部构造与纸甲相似

绵甲

工之妙。

如果说今天的防弹衣材质讲究、技术含量高，那么古人对铠甲的材料也有很多尝试与研究。

明代《李盘·金汤十二筹卷》中有这样一段制作纸甲的记载："用无性极柔之纸，加工捶软，叠厚三寸，方寸四钉，如遇雨水浸湿，铳箭难透。"

白荣金先生对古代制作纸甲的技术做过细致的研究，他模拟演示了古代做纸甲的方法：将柔软的长纤维纸张裁成长方形的小块后，洒上水放在潮湿的毛巾中浸透，用清水调和好粘贴剂，适量地刷在已经浸透的软纸上，将准备好的甲片模具放好，把刷好粘贴剂的软纸放入模具中，用刷子沿模具反复敲打，使纸完全贴附在模具中。将软纸反复粘贴、叠压达到三分厚时，晾干并取出。沿取出后甲片的外延剪下多余的部分，这样，一个坚硬的纸质甲片就完成了。想象一下，把这些坚硬的甲片涂上古时的大漆，再

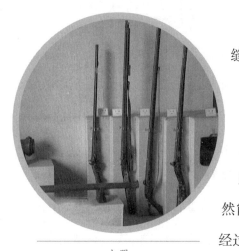

火器

缝制成铠甲，从外表看，谁能知道它是纸做成的呢？这种纸甲利用了长纤维纸的柔韧性，能起到很好的防御功能。

其实，古人这种把纸层层叠压利用柔韧纤维的方式，在今天的防弹衣里依然能找到它们的影子。当人们打开一件刚经过检测的防弹衣时，可以发现它的内部是由一层层像纸一样的物质构成的。据专家介绍，这是一种软体防弹衣，而其防弹功能就是靠这层层叠压后的合成纤维来缓冲子弹对人体的冲力，从而减小对人身体的伤害。将这完善的保护措施用于士兵身上，可以更好地保存战斗实力，以便赢得更大的胜利。

铠甲发展到明、清时期又出现了一种绵甲，并且极为兴盛。绵甲较轻，很利于水战，同时具有铁甲所不具备的优点——在潮湿的气候条件下绵甲不会像铁甲那样容易锈蚀。由于绵甲是由棉花踏实制成，与纸甲的长纤维叠压有着相似的功效，因此可以有效地抵御早期火器所发弹丸的伤害。清代八旗士兵大多装备绵甲。可以说，今天的防弹衣更像那时候的绵甲。

几千年前的铠甲与今天的防弹衣虽然不能同日而语，但将它们放在一起细细比较时，我们不难发现，今天的技术虽然已经突飞猛进，但古人智慧的光芒依然散发着它的光彩，使今天的我们不得不折服。

（崔黎黎）

NO.4 由"规矩"说测量工具的由来

主讲人：江晓源、戴吾三

"规矩"是指一定的标准、法则或习惯，现在也常用作复合词如"循规蹈矩""规规矩矩"等。在我们日常话语里，"规矩"用得很多，例如，我们说淘气的小孩子不守规矩；到了一个地方，我们会说不要坏了别人的规矩；南方人对小孩子进行惩罚，也说是在给他做规矩。

成语当中也有很多含有"规""矩"的，例如中规中矩、循规蹈矩、规行矩步、规天矩地、没有规矩，不成方圆等。我们现在把规矩当作一个复合词来用，有点像礼仪法度的意思。其实在古代，规和矩是两件器物，也就是两件工具。规的功能类似于现在的圆规；而矩的功能则相当于现在直角板中的直角。它们是用来干什么的呢？它们可以用来画图，也可以用来测量。

在自然界中，圆是个很美的事物形态，我们随处可以欣赏到圆的美丽。比如，当一滴水落入水中，无数的圆便前赴后继地扩展开来，此起彼伏，环环相接，颇为柔美。于是人们对圆有了特殊的情感。但是如果不用工具，想将圆完美地再现，恐怕就是一件难事了。所以"圆规"就成了人们测绘中必不可少的一件工具了。

与圆相对应的是垂直的世界。在自然界中存在着各种各样的角度，然而在我们的生活中最常见到的却是直角。仔细观察不难发现，由直角构成的物体最大的特点是，将它们组合在一起时，可以达到天衣无缝的效果。与圆不同，虽然人们很早就利用直角，但是自然界中却很难发现直角。所以或许你会认为最

圆规

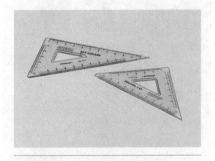

三角板

圆的事物：西瓜

圆的事物：向日葵

徒手画圆

用圆规画圆

直角构成的墙体

开始的时候，人们不会想到矩。可是矩在古代也是需要的，比如当时建一所房子，先立起柱子来，柱子上要盖屋顶，两根柱子要平行，柱子和地面要垂直。

古时候为了要画一个圆，人们想出一些办法来，比方将一段绳子，一端按住拉着另一端绕一圈之类。这种方法现在小学教学当中，数学老师有时候在黑板上就这么做，这种方法古人或许容易做到。但是你能设想古人怎么造出第一把矩来吗？比方现在让你造一个矩，不许用现代的测量工具，你会怎么造呢？

有人说我可以利用铅垂线，用一段绳子吊一块石头，绳子当然是垂直地面的。但是你要做铅垂线的时候，首先确定的是地面水平，恐怕古人学会取水平，也花了很长时间。现在我们可以看到，一些古代的仪器的基座上开着一圈槽，这圈槽是用来测量水平的。就是说人们把这仪器装好之后在槽里灌水，如果是在水平面上，这个槽的四面，水正好淹到齐平，这个跟我们现在的水平仪中间有个水泡泡、气泡泡性质一样。但是在那么远古的时候，古人已经造房子了，已经使用直角了，他们又是怎么获得那个直角的呢？

世界上第一把矩怎么造出来，到现在没有人能给出解答，所以谁要是有兴趣，也可以想想有什么办法能够解答。在古代那种条件下，没有什么工具，没有什么法度，怎么来确定第一把矩尺的法度？

我们看到古代的绘画里，伏羲、女娲手里分别举着一个矩和一个规。这一般都解读为是一个神话的图像。为什么要把它们举在手里？可能就因为这是一个很难做出来的、非常神奇的东西。

右侧是从西汉画像砖上拓下来的图像，被称为规矩图，图中的伏羲拿着矩，而女娲则拿着规。所谓的规，形状类似于现在的量规。量规是人们为了绘制一般的两脚规不易绘制的大圆而准备的工具。人们推测规是当时人们专门用于画圆的

"规矩图"

"规矩图"中的矩

"规矩图"中的规

工具。而所谓的矩，无论从功能还是形状上看都与现在木工们常用的直角尺没有太大区别。

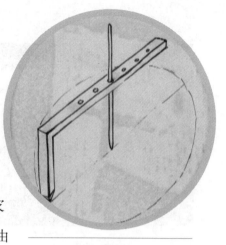

古代的规

在我国历史上，大禹治水的故事广为流传。《史记》中记载，大禹"左准绳，右规矩"。率领民众治理黄河流域水灾的大禹，使用的测量工具中便有规和矩。由此可见当时规矩在测绘中的重要性。

如果探究起来，"规"也是很有意思的。因为我们现在用的规都是两脚规，比方说在一个中点，固定一条脚，绕着这个脚，旋转另一条脚可以得到一个圆。这样的两脚规被认为是从西方传过来的，而中国古代的规，开始不是两脚规。我们还是根据伏羲女娲的图像来看，有的专家说，当时的规是一个木条，在木条的两端插着两根类似钉子的一些东西，固定下面的一端，就可以用来画圆。我们看到的早期出土的那些玉器，里面的璧就是很规整的圆形。像良渚文化遗址的玉器距今有5 000多年历史，那个时候就可能已经有规了。因为璧不光里面的孔是很圆的，外形也非常圆。

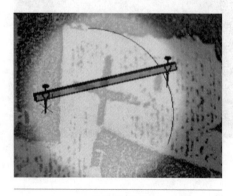

现代的梁规

璧是一种中央有穿孔的扁平状圆形玉器。谈到玉璧的用途，则众说纷纭，有的认为它是祭祀天地的礼器，也有的认为它是一种装饰品，又因为大量的玉璧是在古代墓葬里出土的，所以还有人认为它是陪葬品。但无论是新石器时代的素面璧，

古人用规做活

现代直角尺

《史记》

《史记》中的记载

大禹治水

玉璧1

玉璧2

琮1

琮2

还是春秋战国之后制作精致并带有各种纹饰的玉璧，恐怕留给我们最深的印象就是它那规整而夺目的圆形。

然而更玄妙的是琮。琮的外面是方的，里面是圆的，最高有49厘米。测量琮里面的圆要有足够的工具，外面的方照我们现在看也是非常规整的。

关于玉琮的用途，现在在学术界一直有争论。有人说它带有某些通天的观念，是礼器。制出这种特殊的形状来，我们说"天圆地方"也好，能不能表明，这个部落拥有这个器物就具有了某种神圣性？在早期文明中，你有别人没有的东西，是一件非常值得夸耀的事，别人就会对你很崇敬，因为你甚至可以把这些东西说成是天赐的，或者是神授的。西方经常就是这样，做了一个什么梦，就说什么上帝告诉他如何如何，动不动宣称自己是通灵了，就是说他能够超越一般人，跟上天或者跟他的神沟通。在东方也一样，

古代有条纹的陶器

这个是由巫觋们做的。巫觋就是能够跟上天沟通的人，像著名学者张光直说的，智慧在天上，你能够跟上天沟通，就意味着你能获得智慧。这些特殊的器物，今天做起来很容易，但那个时候没有任何现代机械，所以他能做到，肯定是值得夸耀的。所以画圆也好，能够给出一个直角也好，在古代都是很大的学问。

我们暂且不去考究琮的用途，透过玉的精美，古人已经同时将方与圆完美地结合到了一起。由此可见方与圆在当时人们心中的位置。

另外，在许多文物中我们也可以见到规和矩的影子，比如彩陶器中这些垂直与圆滑的图纹，大量铜镜后面绘制的规矩纹等等。

规矩作为成语，最早的出处是《孟子》上说的："离娄之明，公输子之巧，不以规矩，不能成方圆。"意思是说，不管这人多聪明，就算能够出神入化，没有工具也不能完成他的方圆。也就是说，规矩产生得很早，在中国应用的时间也非常长。正因为应用的时间这么长，又这么普遍，从而也影响到在词语当中的表达。以至于这个词意从原来的含义引申出诸多意思，有的时候我们会疏忽它的本义。

有些事情推敲起来还是有些道理，比方说为什么我们不说"矩规"，而说"规矩"，我们当然可以推测，规容易得到，矩比较难得到，人们肯定是先得到规，这样它的排列就在

规矩镜

前面，到后来甚至可以把矩省略，如我们会说校规、家规等。

这两个词，特别是规，非常有生命力，以至于成为中华文化当中一个非常有特色的内容。

（秦雪竹）

注目古玻璃

古埃及国王像

我们常常透过玻璃看屋外，通过玻璃透镜看太空，看微生物，可是有多少人知道，玻璃是怎样发明的呢？

王雪纯："在做这期节目之前，我翻了一本书叫《玻璃世界》。书中让我们设想一下，如果有一天没有玻璃了，我们的生活将是什么样？清晨起来想摸闹钟，没了；拉开窗帘往外面一看，汽车没了，天上的飞机也没了……没有玻璃，我们的生活是会发生很大变化的。"

不去这样想象恐怕真的意识不到，玻璃对我们的生活如此重要。

表面有釉的古老陶器

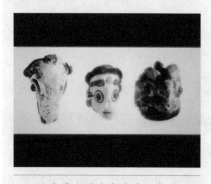

迦太基人的古老玻璃彩球一

迦太基人的古老玻璃彩球二

王知（同济大学教授）："如果没有玻璃，人类的历史可能就得重新写。"

王雪纯："拥有今天这样美好的生活，我们真得感谢玻璃。那么玻璃是怎么诞生的呢？这里也有不少传说。其中有一个非常著名的有关玻璃的故事。很久很久以前，有一个古埃及女王叫哈舍苏，在她死后，按照当时的习俗要把她制作成木乃伊，还要给她陪葬大量的金银宝物。在她的陪葬品里面，据说最珍贵的东西，就是女王戴在脖子上的一串项链。"

"这串项链既不是黄金的，也不是钻石的，而是有几千年历史的墨绿色的玻璃项链。"

在古埃及，类似哈舍苏女王以玻璃为装饰品或陪葬品的事例并不少见。在另一位法老的陪葬品中，一座金属狮子身上装饰的也是玻璃。这不难看出，在当时玻璃和宝石一样珍贵。但是玻璃与宝石不同，它不是天然的稀有物质，而是完全出自人工。那么这些玻璃是谁发明

矿石

的呢？

很多人相信这些玻璃是古埃及人在用泥坯来烧制陶器的过程中，无意间发明的。制好的泥坯在烧制前，沾上了一些苏打粉和砂粒的混合物，在炉中熔烧时混合物就会熔化，因而泥坯的表面形成了一层光滑的釉。釉就是一种玻璃。后来，好奇的工匠干脆只用沙子和苏打制成一个个小球，然后，放到炉里烧制。结果，这一个个浆料变成了一颗颗晶莹剔透的彩球。这就是世界上最早诞生的玻璃品之一。这种用火直接烧球状浆料的制造技术产量非常少，所以当时玻璃成为地位和财富的象征。

王雪纯："关于玻璃的产生，有许多不一样的传说。另外还有一段古罗马博物学家普林尼记述玻璃产生的记载。过去，有一艘腓尼基人的商船，船上满载着大块的苏打。船行驶到一个港湾的时候，水手们上岸去休息，并要煮一些饭吃。可是找来找去，在附近海滩上找不到像样的石块来堆一个灶。实在没办法，他们就从自己船上搬了两块苏打下来，用它垒了一个灶台，生火做饭。第二天早晨起来，他们发现炉灰当中有好多闪闪发亮的东西，既不是金属，也不是石块。普林尼在他的记载中说，这个就是玻璃。"

"这是普林尼的记载，我还听过一个有关玻璃发明的故事。近代有的人比较好奇，他也到普林尼说的那个海滩，摆上几块苏打生火做饭，反复

战国玻璃珠

玻璃璧

制作玻璃器皿

模拟古罗马人生活场景

实验了几次，却没有烧出玻璃来。"

王知："但是有一点是可以证明的，就是烧碱和石英砂，或含硅量比较大的沙子相混合，确确实实可以烧出玻璃的。"

从古至今，制造玻璃都是把含硅量较高的矿石或沙子和苏打在一起熔化，世界上不同地方、不同民族，都独立地发明出了玻璃，这与硅在地球上的含量有关。

硅在地球上的含量很高，假设有个巨大的熔炉，把地球熔化，并迅速冷却后，那么地球将变成一个巨大的玻璃球。正因为原料能够普遍得到，所以最早在两河流域发明了玻璃，后来埃及、中国等地都各自发明了自己的玻璃。有趣的是，中国最早的玻璃制品中有许多也是被当作珠宝的玻璃球。越王勾践剑剑柄处镶嵌的就是玻璃，这是战国时期模仿玉器的玻璃。因为中国人喜爱玉器，所以在炼丹术和青铜冶炼技术的基础上，在制造玻璃的原料里加入铅、钡等元素，这样烧出

罗马人的玻璃器皿

的玻璃就有玉石般的质地和光泽。后来虽然不再仿玉，但因为铅含量高，耐冷热程度差，这种玻璃容易破碎，所以玻璃器具就不像陶瓷那样被看好，因此在中国，玻璃就不像陶瓷那样影响广泛。而西方国家的玻璃原料里，多了钠、钙等成分，它的长处是耐冷热，更适合制作成生活器皿。正是因为这些细微的差别，使得玻璃在制作和使用等后续的发明上，各国各地出现了很大的不同，但在推进玻璃制作技术上影响最大的还属古罗马人。

王雪纯："大规模地在生产或者在生活中使用玻璃，是古罗马人的贡献。古罗马人自从开始制造出玻璃并掌握这种制作工艺以后，他们的生活就再也离不开玻璃。不要说平常那些容器，瓶瓶罐罐杯碗瓢盆，就连一些建材，比如说铺砌的材料，或者护壁用来铺墙的材料，或者下水排水管道，他们也都用玻璃做。"

王知："但是也有些国家的人对玻璃并不是完全接受。比如中国人和日本人喝茶，就不喜欢用玻璃杯，因为玻璃杯烫手。如果用瓷杯，喝茶就不烫手了。"

"这就是东西方生活习俗的差异。东方人一般都喜欢喝热水、热茶、热饮，但是在西方国家，可能从古希腊、古罗马那时候流传下来，人们就经常喝冷水、冷饮，古罗马人那时就大量地饮用葡萄酒。葡萄酒颜

用铁管吹玻璃

色漂亮，装在玻璃材质的器皿里面，还能衬托它的色彩，所以西方人喜欢用玻璃制品。"

做玻璃器皿一

古罗马人能够拥有众多漂亮的玻璃器具，得益于他们采用一种用铁管子来吹制玻璃器皿的技术。这个方法是用一根铁管，一端从熔炉中取出适量的玻璃液，将其放入模具中，人在铁管的另一端向内吹气，这样来为玻璃塑型。熔化状态的玻璃可以任意定型。在此之前人们使用的办法主要是铸制和磨制，但也有个别巧妙的方法。

张开逊（北京机械工业自动化研究所研究员、发明家）："比罗马人用铁管来吹玻璃早1 500年，生活在地中海东岸的腓尼基人就发明了一种制作玻璃瓶子的非常聪明的方法。他们用黏土或者沙子调上一些水，把它做成玻璃瓶的样子，等它差不多干了以后，就拿着这个模型在熔化的玻璃锅里沾，反复地沾，这样一层一层的玻璃就均匀地贴附在这个模型芯子的表面上。等玻璃经过自然冷却完全凝固后，再把里面的沙子或者泥巴抠出来，就得到瓶子了。同样他们也可以做实用的器皿，以及可以做中空的艺术品。这种技术一直用了1 500年，是那个时代一种非常聪明的高科技了。"

做玻璃器皿二

但古罗马人吹制出的玻璃瓶有更多优势，比如外壁厚薄均匀，不易炸裂，内壁光滑，不沾东西。当然关键还在于它能低成本大规模生

做玻璃器皿三

产，于是玻璃就由一种稀有的装饰品，变成了大众的日用品。

玻璃吹制技术是人类玻璃生产历史上第一次大的技术进步，虽然在18世纪末，法国人发明了吹制玻璃瓶的机器，随后英国人又发明了玻璃瓶自动成形机，人工生产玻璃被机器作业代替，但一些特殊形状和尺寸的玻璃器皿，还是需要人工吹制。所以用铁管吹制玻璃的传统技术，直到今天仍然在世界许多地方保留着。玻璃吹制术可以制作出非常纤薄而透明的玻璃，这也为开发玻璃的一些潜在用途创造了条件。

张开逊："一开始制造玻璃器皿的时候，由于用的玻璃材料非常不纯，很难做得透明。后来人们选择了多种多样的材料，发现其中一些配方能够把玻璃做得非常非常透明。这种透明玻璃的出现，对人类的文明和科学技术来说，有极为重大的意义。"

王雪纯："现在一说起玻璃，好像没有人想到它是不透明的。其实最初制作出的玻璃都是不透明的，经过了一两千年的发展，才有了透明的玻璃。"

透明玻璃一旦产生，它引起的是一种革命性的结果，不仅是材料科学上的一种革命，更导致了整个人类工具的一大进步。

"不论怎么说，我们得感谢玻璃的诞生，它使我们的生活充满了光明，也发生了巨大的变化。没有玻璃，我们的生活肯定会跟现在不一样。"

（闫珊）

NO.6 剑首同心圆凸

青铜三绝之剑首同心圆

距今2 500多年前的东周时期，诸侯争霸，战争频繁，加之当时的王公贵族大兴佩剑之风，促使兵器制造技术迅速提高。尤其是吴越两国，至今仍流传着许多关于吴越匠师铸剑的传说。出土文物证明，吴越青铜兵器确实精湛无比，除了锋利坚韧，还集中了许多杰出的装饰技术，如菱形纹饰、火焰纹饰、镶嵌宝石、琉璃等技术。其中剑首同心圆装饰尤其令人叹为观止。

剑首同心圆位于剑首端部，由厚度0.2～0.8毫米，间距仅0.3～1.2

毫米不等的多圈薄壁凸棱组成，并且十分规整。在多圈同心圆的槽底又分布着极细凸起的绳纹，极具装饰性。

剑首装饰同心圆的剑仅用于少数吴越名剑，真正作战用的铜剑，绝无这种华丽的装饰。可见这类装饰技术在当时只有少数铸剑高手能够掌握，也只有身份和地位很高的人才能够佩带这种装饰的剑。可能是剑主人的地位越高，同心圆的圈数就越多。比如越王勾践剑的剑首就有11圈同心圆，如此精细严密的薄壁同心圆槽底又有凸起的细绳纹，这种装饰即使在现代也难以加工，那么在遥远的春秋战国时期，古人是用什么办法加工制成的呢？这一问题令研究金属工艺史的学者们困惑不解。专家们对多件同心圆剑首进行详细考察，以推测它的形成工艺。他们发现：第一，薄壁同心圆凸棱的槽底有凸出的绳纹，表明剑首同心圆应该是铸造成形的，不可能由青铜车削制成；第二，剑首与

剑

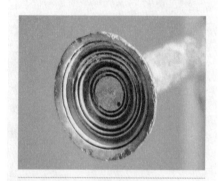

剑首

研究

试验一

试验二

试验三

模范一

剑茎表面色泽不同，相互间有铸接的痕迹，表明剑首是单独铸成的；第三，薄壁同心圆的同心度相当高，表明其陶范的制造可能应用了类似轮制法成形的工艺。

所谓轮制法是一个装有直立转轴的圆盘工作台，把坯料放在陶轮的中央，当陶轮转动时，用手或工具使陶土成形。距今4 500多年前龙山文化时期的古人就采用轮制法制出了胎薄如蛋壳的蛋壳陶。因此吴越时期采用轮制法制同心圆的陶范应该是有其技术基础的。根据这一推断，研究人员进行了模拟实验，首先按商周时期陶范料的配方和泥，将这种特制的黏土加水充分混合和反复拍打揉捏，经过精炼陈腐泥料就具有了良好的可塑性和强度，用手捏出陶范的粗坯，然后就可以放在轮盘上了，把车板小心地装好架在轮盘上方。车板是带齿的，如同梳子一样。这些齿缝就是一圈圈同心圆的薄壁，模板固定不动，以它为半径旋转轮盘，带齿的模板就可以同步车出极为精致的同心圆模子了。模板的齿数决定了剑首同心圆的圈数。今天我们看到的制陶艺人仍然采用这样的轮制法手工制作陶器。他们也是把泥料放在转轮上，手放在泥料上起到模板的作用，在灵活的手的配合下就可以转出各种不同形状的陶器了。在这样细致入微的操作下，同心圆的内范就成形了。再用同样的方法车制出同心圆的外范，因为所需的外范只是一个空腔，所以模板就是一块带弧形的木板，以它为半径车出的外范能够盖在内范上，这样就算大功告成了。

　　制好的内范经过一定程度的阴干之后，就可以雕刻绳纹了。仔细地将绳纹刻在内范上之后，一个剑首同心圆的陶范就制成了。上海博物馆的研究人员用这种方法终于复制出了与2 500多年前吴越青铜剑极为接近的剑首同心圆。古人当时如果真是用这种办法制出了如此精致的铸件，就必须掌握范料的配方和十分精湛的

模范二

勾践

剑首

技艺。2 000多年前吴越青铜剑的剑首同心圆技术已经达到了陶范铸造技术的极致，除了上述的办法之外，谁又能知道古人是不是还有更绝妙的办法呢？

（王岩）

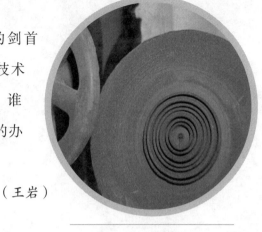

同心圆内范

古车减震

古车字形

　　在河南安阳小屯村，商代古都殷墟出土的甲骨文，与西方的古文字不同，是象形文字。这些象形文字可以描绘出我们祖先创造的器物。在目前发现的大约15万片甲骨4 500多个单字中，我们可以看到一个似曾相识的图案，它最终演化为今天的车字。从商代甲骨文的车字，我们不难看出古代木车的结构：一衡、两轭、单辕、一舆、双轮。在这种机械结构中，无处不体现着古人给车辆减震的奥妙。

　　从车的基本结构看，安阳出土的古车均为单辕双轮。马的支撑作用

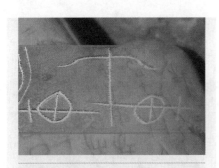

古字形

减震器一

减震器二

古车图

通过衡传给辕，可以看作是一个支点。车子的两轮各为一个支点。这三个支点在一个平面上正好构成一个三角形。三角形的稳定性决定了这种单辕双轮车在结构上具备很好的稳定性能。

作为人类最伟大的发明之一，轮子是车的核心部件，没有轮便谈不上车。因此，车轮本身制造质量直接关系到车在运动中的稳定性，所以古人才强调察车自轮始。按照春秋末期记载官府手工业规范的专著《考工记》记载的察车之道，检验车轮的完善与否，主要有以下几道工序：用圆规测量轮子是否正圆，用悬绳测量车轮的上下辐条是否对正，用水测量车轮浮沉的深浅是否平均，用秤称量两轮的重量是否一致，最后还要用盛谷子的多少来测量两个轮子毂中的空腔容积是否相等。

那么毂是什么呢？它对古车的减震起着什么样的作用呢？轮毂是把车轮固定在车轴上的一个关键零

件，在古车上有长毂和短毂之分。《考工记》中说：短毂则利，长毂则安。这是什么意思呢？原来，毂长，则与车轴的接触面积大，摩擦阻力也就大，因此长毂的车轮摆动幅度小，这样就大大增强了车的稳定性，所以古人说长毂则安。反之，毂短，轴与毂的摩擦面减小，车轮转动时的阻力就小，这样车的速度就提高了，所以古人说短毂则利。但是这样一来，短毂车的稳定性能就被削弱了。春秋战国时期，车战频繁，长毂的战车虽然比短毂战车稳，但速度慢，为了弥补这一缺陷，古人又在长毂内套上铁釭，长毂内套上铁釭后，毂虽然还是长，但当车轮转动，轮毂与车轴相互摩擦时，只有铁釭的部分与车轴接触，这样阻力小了，速率自然就提高了。而毂依然是长毂，因此也确保了车的稳定性。后来，经过长期的实践与摸索，古人又发现利用某种中间媒介，可以削弱车轮带给车身的震动，于是就在车轴与车厢的连接处装了一

出土的古车

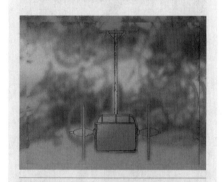

车辖图

古车轮

古车图

车轮减震

车辖

个笠毂，把一块充当中间媒介的木头和车轴套在其中，至此古车的减震方法已经日趋成熟了。

那块看起来不起眼的木头，就是古车上最重要的减震部件，古人称它为伏兔。

火车自19世纪30年代问世以来，以其快速、舒适的特质，逐渐成为人们长途旅行不可或缺的交通工具。而它为达到减震目的采用的叠板弹簧，正与古车上的伏兔有着异曲同工之妙。

瑞典生产的沃尔沃轿车采用了目前世界上最为先进的减震技术——自动平衡的空气悬挂系统，其核心就是在车轮上装配空气弹簧悬架。这样车轮的震动被弹簧悬架大大削弱后，再传递到车厢时震动就微乎其微了。

伏兔实质上就起到了类似今天汽车和火车上的减震弹簧钢板的作用。考古资料显示，商车上没有伏兔，而周代的车上已经普遍设置伏兔。这说明古人也是在长期的制车

现代减震弹簧

实践中，才逐步认识到伏兔的作用的。后来的伏兔形状虽有所不同，但是功能上却没有什么差别。它被安装在车轴上，把轴与车厢分隔开，因为车在运动过程中的震动，主要来自车轮，而车轮受到的震动要先通过轴传递给伏兔，然后再由伏兔传递给车舆。显然，伏兔在其中起到了一个缓冲的作用。据推测，古人在实际生活中，一定是有意识地选取某种具有良好减震性能和一定强度的材质来充当伏兔的。

诚然，现代汽车与古车的减震技术不可同日而语。但是无论今天的减震手段如何先进，其减震的基本原理和古代相比并没有多大的改变，那就是利用某种材质的物理性质来实现减震的目的。我们祖先在远古时代已经开始利用具体制车材料的物理性质，设计科学的机械图形了。在几千年以前的生产力条件下，古人已具备了车的减震意识，并设法将其付诸实践，这无疑是一项创举。

（李贺）

NO.8 菱形纹饰

古越国所在地

　　江南烟雨，淅淅沥沥。谁能想到，温文尔雅的江南也曾是一个剑气纵横的所在。春秋时期，雄霸此方的吴越两国因铸造出的青铜兵器而称霸列国。相传，那个以卧薪尝胆而闻名于世的越王勾践曾令大师欧冶子铸剑。当时，赤堇山裂开献出锡矿，若耶溪干枯献出铜矿，雨神送来甘露，雷神拉起了风箱，在众天神的帮助下，终于造出五柄宝剑。至今，这个宝剑英雄的故事仍为人们津津乐道。

　　越王勾践剑，于1965年在湖北江陵出土，剑身刻有鸟篆铭文"越王勾践，自作用剑"。剑保存得非常完好，表面布有漂亮的菱形纹饰，剑格的正面用蓝色玻璃，背面用绿松石镶嵌成美丽的几何纹饰，出土时剑身不见一丝锈痕，刃薄且锋利异常，一次就可轻易划破十几层纸，世所惊叹，也引起全世界科技考古工作者的浓厚兴趣。

东汉成书的《吴越春秋》和《越绝书》对吴越之剑多有记载："手振拂扬，其华捽如芙蓉始出，观其光，浑浑如水之溢于塘，观其才，涣然如冰释。"这段文字描述了当时的剑的表面非常华丽，像出水芙蓉般夺人眼目，如冰魄一样沁人心魂。在出土的越王勾践剑的表面，就发现了亮黑色的菱形暗格花纹。这些花纹擦拭不去，打磨不掉，基本由黑色的双线条和浅灰色菱形格子两部分组成。它的表面还有透明的玻璃光泽，装饰性极强。这柄沉睡千年仍不见锈痕的宝剑可以说是剑中的极品。

剑指千年外，历史已经在血雨

勾践剑

剑上铭文

剑纹饰

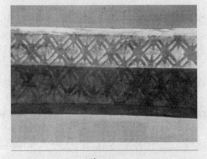

菱形纹

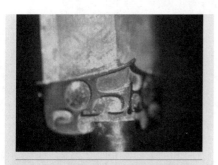

装饰

剑的锋利

古书中的记载

剑表面

腥风中湮没，昔日的铸剑神技早已失传。人们不禁要问，古人用什么技术对剑表面进行加工呢？为了解开这个谜，20世纪70年代曾用专机护送越王勾践剑到上海复旦大学静电加速实验室进行无损试验，但由于无损试验的局限性，未能揭示该技术的内涵。美国和加拿大学者也对此技术进行过专门的研究，也同样没有得出准确的答案。种种离奇曲折，使人们对这把传说中的神赐之剑产生了不尽的遐想。

专家们发现，越王勾践剑表面的菱形纹饰是非机械镶嵌而成。我们说的机械镶嵌就是指在青铜剑上开了槽，用另外一种合金或其他材料镶嵌在里面。机械镶嵌肉眼就能看出来，和青铜剑本身有很明显的分界线。而非机械镶嵌就没有这个分界线，看到的菱形暗格纹的材料和剑本身的材料虽然有明显不同，但没有明显界限，就像是它们在这个界面上互相融合了，所以叫作非机械镶嵌。

20世纪90年代，上海博物馆的研究人员运用先进的科学仪器，对馆内收藏的一小块吴越青铜剑残片进行了由表及里的分析检测，结果发现，剑身表面装饰过程中采用了一种细晶技术。在菱形纹饰剑身上，形成了高锡细晶的菱形格子表面，它外表白亮，而漆黑色线条部分正是剑体材料外露部分。根据金属材料学原理，高锡细晶部分的菱形表面的耐腐蚀性能一定优于结晶粗大的剑体部分。所以，如何形成表面高锡细晶区是解开菱形纹饰之谜的关键。

上海，毗邻古代吴越两国。进入21世纪，上海博物馆的研究人员经过多方论证和实验，模拟古代所能拥有的方法，终于揭开了这个千古之谜。

就是一种合金粉，它是由多种化学成分配比而成，虽然看似毫不起眼，却不知古代铸剑大师经过多少代人的摸索，才发现它的配方和神奇作用。将天然黏合剂加入合金

1977年在上海的无损试验

研究

研究分析

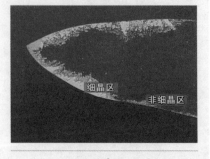

分析

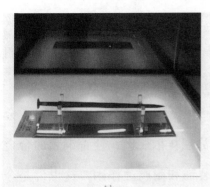
剑

上海博物馆

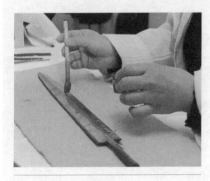
分析一

粉内，加水后搅拌均匀，充分混合配成膏剂。古人就是用这种神奇的药水，均匀地涂抹在剑的表面。这种膏剂的配方在当时也只有像欧冶子这样的大师才能够掌握。在其干燥后，就可以雕刻菱形花纹了。

刀起刀落，也许当年一代宗师欧冶子也在重复着同样的一幕吧。俗话说"妙笔生花"，可谁又能想到，这生花的刻刀也能给后人留下千古之谜呢？

刻好的花纹剑还需要放入炉中加热。经过高温处理，膏剂中的合金成分就能和剑表面发生反应，这样菱形花纹就真正能和剑融为一体了，磨之依然，拭之不去，并能起到极好的防腐蚀作用。

最后再把那些化学膏剂磨去，剑表面就呈现出黄白相间的美丽菱形花纹了。真是观其光，浑浑如水溢于塘，"手振拂扬，其华捽如芙蓉始出"，黄白相间的菱形暗格纹金光银光交相辉映，史书中的记载就这样真切地出现在我们眼前了。可是

分析二

出土的越王勾践剑表面的菱形花纹却是灰黑相间，这又是怎么回事呢？难道我们的探索又走进了歧途？

2 500多年前的中国古人发明了金属膏剂涂层扩散工艺，使青铜表面合金化，起到装饰和耐腐蚀作用。这也许是今天金属扩散"镀层"工艺最早的发明创造吧。公元前700多年，我们的祖先已发明了高超的表面合金化技术，2 000多年后，不知我们是否已经真正揭开了这个未解之谜！

（王岩）

NO.9 景泰蓝

片头

　　来过北京的朋友都知道，在北京很多的商店里都会看到一种工艺美术品——景泰蓝。它们大到宗庙祭器、家具，小到筷子、项链、糖罐、牙签筒等，既有专供收藏欣赏的艺术品，又有日常的生活用品。景泰蓝为日常用品增添了艺术魅力，又使艺术品有了实用价值。

　　景泰蓝是我国著名的传统工艺美术品。我们的古人在制作景泰蓝的时候是在铜胎上掐丝，再用珐琅釉料填充在图案中，所以景泰蓝又叫"铜胎掐丝珐琅"。景泰蓝不像瓷器那样可以大批地生产，每件作品都需要细细雕琢。可以说，景泰蓝的制作工艺既运用了青铜工艺，又利用了瓷器工艺，同时又大量引进了我国传统绘画和雕刻技艺，堪称中国传统工艺的集大成者，在世界上享有盛誉。那么，中国的景泰蓝又起源于何时呢？

李永兴（故宫博物院古器部）："景泰蓝的起源目前有三种说法，第一种认为是唐代，第二种认为是元代，还有一部分人认为是明代。大家现在普遍认可的一种是元代起源说，然后发展到明代。明宣德以后，在规模和规范化的生产以后，逐渐形成了我们今天看到的许多精美的景泰蓝制品。景泰蓝一词的由来众说纷纭，但是大家目前比较认可的一种是因为它大量用蓝色，或者说应用得比较多，所以称它为景泰蓝。这个词的使用在清代就开始了，后来逐渐成为人们对这种工艺品的称谓。"

明代的景泰蓝最初多为仿古青铜器皿，蓝釉色均匀，色彩只有红、

景泰蓝

坯

掐丝一

掐丝二

制作

景泰蓝

故宫收藏

制作原料

白、黄、大蓝、绿等色釉，丝工粗犷，纹饰丰富。

清代初期的景泰蓝工艺已闻名天下，大量出口国外，成为海外贵族家庭中的摆饰品。这时期的景泰蓝品种丰富，制作工艺精湛，在原料上采用延展性能较强的纯铜作材料，应用了新的制胎、掐丝技术。因此，景泰蓝造型比明代更匀实而变化多端，铜丝细薄均匀，掐丝技艺更是婉转流畅，纹饰更灵活精巧。景泰蓝的颜色又增加了粉、紫、黑、粉绿、草绿等色。器物的应用范围要比以往更为扩大，除了明代常制作的宫廷寺庙祭器，还出现鼻烟壶、香炉、围屏、桌椅、茶几、筷子、碗具、屏风等等。

抗日战争时期，由于战事，出口无着落，景泰蓝处于奄奄一息的状态。到了新中国，古老的景泰蓝艺术才有了更大的繁荣和长足的发展。

张同禄是一位从事景泰蓝专业创作40年的工艺美术大师，他凭借

景泰蓝

着对古代景泰蓝深深的理解，创作出了一个个既有古典风韵，又有时代气息的景泰蓝作品。闲暇时，他仍要细细揣摩古代景泰蓝作品的神韵，在每一次的凝视中，他都完成了与古代能工巧匠的一次心灵对话。

张同禄："500多年以前，景泰蓝工艺的创作都是笨重的手工操作，这些手工艺人不仅需要精湛技艺，还需要付出繁重的体力。虽然现在景泰蓝的制作方面有了很大的改进，但主要流程还是沿用古代的。"

景泰蓝的制作工艺十分精细复杂，每一件景泰蓝的制作至少要经过5道程序，如果要细分的话起码要经过14道工序，每一道工序都让我们看到了古人的心灵手巧和聪明才智。同时，景泰蓝又都是集体创作的结晶。从古至今，还没有哪一个人能够独立地自始至终完成过一件完整的景泰蓝制品。

首先是制胎，使用延展性强的紫铜，把它锤制成预先设计的各种形状，然后焊接成一个完整的器皿造型。

景泰蓝各种美丽的花纹就是靠工人们用镊子将铜丝一点点掐掰成各种花纹，然后蘸上白芨粘在铜胎上的。那么白芨是什么？我们的古人为什么用它做黏合剂呢？

张同禄："白芨是一种中草药，把它磨成粉末加水就有了很好的黏性，可以将铜丝与铜胎粘牢，如果粘得不对还可以很方便地取下来。另

家具上的景泰蓝工艺

制作

按图"施工"一

按图"施工"二

外，在烧制的时候，白芨遇火会与铜产生一种化学弧，牢牢将铜丝焊在铜胎上。这个方法用了500多年了，现在还在用。"

掐丝工艺要求工匠们有较高的临摹能力，因为图纸是平面的，而器皿却是立体的，因此工匠们在掐丝的时候要依照设计图纸准确地临摹下来。如果掐掰得或大或小，不是粘不上，就是走样。

粘好铜丝的铜胎，外面就成了工工整整的线条画，而且图案和花纹都十分复杂。拿一个普通的景泰蓝花瓶来说，图案花纹用的铜丝就要30米，所费工时之多就可想而知了。难道我们古人在铜胎上掐丝只是为了装饰吗？

张同禄："整个掐丝和点蓝的过程其实是为了避免热胀冷缩。古代的能工巧匠肯定是经过实践发现，如果把釉料大面积地涂在铜胎上，经过高温烧制，它会混作一团，而在铜胎上粘上铜丝也就是把釉料分成了一个个小的区域，不仅美观，而且防止了热胀冷缩。"

待掐丝工人粘好丝后放到高达900多度的热炉中进行烧焊，将铜丝牢牢地焊在铜胎上，便进入点蓝工序。工人们把事先配好的各种色釉依照设计图案的标示颜色，用铜丝锤制的小铲，一铲一铲地填入焊接好的铜丝花纹空隙中。当整个胎体上满色釉后，再送到高炉烘烧。用粗砂石将釉面磨平后，在釉料不平之处进行修改。最后经过镀金，才是我们现在看到的一件件精美的艺术珍品。可想而知，我们古代的能工巧匠是在比今天更为简陋的环境下，历经了复杂、烦琐的工艺，才为我们后人留下了一件件珍贵的艺术瑰宝。

如今的景泰蓝也在不断地推陈出新。近年来银胎制景泰蓝就一改在铜胎上制作景泰蓝的传统，改为在银胎上制作，还诞生了多种工艺结合的景泰蓝产品。在古代专供宫廷赏玩、使用的景泰蓝，今天已经走入了不同文化背景的家庭中。

（朱静）

填色

成品

收藏品

NO.10 徽 墨

片头

文房四宝是中国古代特有的文书工具，与文人雅士的生活有着密切的联系。宣纸、徽墨、宣笔、歙砚，合称为安徽文房四宝。它凝聚着劳动人民的心血和科研智慧，表现了独特的民族风格。溯源观史，安徽文房四宝早在唐、五代时就一一列为贡品，从而享誉古今。

墨的发明，为我国雕版印刷的发明和发展提供了极为重要的条件。墨给人的印象看似单一，但却是古代书写中必不可少的用品。借助这种独创的材料，中国书画奇幻美妙的艺术意境才得以呈现。

奚氏父子见黄山多松，新安江水清洌，是制墨的好地方，便在歙州（后徽州）定居下来。奚氏父子本是制墨高手，此时得皖南的古松为原料，又在制墨工艺上进行了改进，终于制成"丰肌腻理，光泽如漆，经久不褪，香味浓郁"的佳墨。

奚氏父子的墨有"拈来轻，嗅来馨，磨来清"之妙。南唐后主李煜，闻之十分赏识，特招奚庭圭担任墨务官，并赐给"国姓"。于是奚氏全家一变而为李氏，他们制的墨称李墨，李庭圭成为古今制墨的宗师。自公元1121年歙州改名为徽州后，李墨也改称徽墨。

到了明代嘉靖、万历年间，随着徽州商业的繁荣，制墨业进一步兴旺。油烟墨被广泛采用，并在原料中加入了麝香、冰片、金箔、公丁香等十几种贵重原料。墨品偏重精良，而且墨谱的图式、墨模的雕刻，也各尽其美，达到历史上最高水平。在此期间，富有装饰性的成套丛墨——集锦墨，也开始出现。

各种墨

一堆墨

古代制墨

古代制墨

研墨

李廷珪

古徽州

原始制墨一

这类集锦墨质地坚细,墨面书画巧夺天工,装墨的漆盒玲珑精致。

歙县素有"墨都"的美称。建在两山峡谷之间的"老胡开文墨厂"已有两百多年的历史,有点烟、和胶、制墨、晾墨、刻模、制盒、包装等车间,在整个做墨的过程中,所有的工艺和做法跟古时是一样的。但现在做墨用的工具,要比以前先进。

徽墨要在烟熏、火烤和捶打中才能诞生。制墨师傅用6磅重的大锤锻打墨坯,既像锻铁,又似揉面。翻打次数越多,墨的品质就越高。这道工序全凭力气,即使在寒冬腊月,墨工们也是汗流浃背。一块块墨团在他们手中迅速搓成墨丸嵌入墨模中。

徽墨的制作离不开墨模。墨模是塑造徽墨的模具,集中体现了书法、绘画、雕刻的艺术水平。墨模的优劣、储藏量多少,是衡量制墨厂家产品品类、质量、技术价值的重要标志。历代墨家对制模都非常重视，不惜重金，花样翻新，使墨模艺术随着时代的发展不断创新。

挤压后的墨需冷却定型后才能脱模，夏季的脱模时间要长于冬季。脱模的墨经修边后送至晾墨车间翻晾。晾墨以自然晾干为主，晾墨车间要保持恒温恒湿，避免阳光直射。晾墨的时间长短要根据墨锭的大小和季节情况，少则两个月，多则一至两年。晾干后的墨经过描金才成为成品墨。

由于徽墨具有淡妆浓抹、刚柔并济、得心应手的特殊性能，所以成为历代艺术家们抒发聪明才智的主要工具之一。我国的典籍、拓片以及历代书画杰作，大都靠它流传于世。

有了好墨，才可以帮助书画家把个人风格气韵表现得更加生动活泼。至于绘画用墨，比书法用墨就更为复杂。它要求"墨分五色"，以墨的浓淡来表现物象的明暗、远近、体积和质感，达到融洽分明的效果。只有徽墨才能满足这个要求。

原始制墨二

原始制墨三

墨

制墨车间

制墨

压墨

刻墨

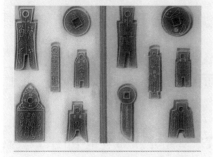

异形墨

由于徽墨在书画上的特殊功能，大大丰富了东方文化艺术宝库，历朝历代的文人墨客都视其为至宝。可以毫不夸张地说，徽墨洋洋洒洒地书写了我国1 000多年的灿烂文化。上自皇帝，下至平民，只要读书写字，人人都要用到徽墨，徽墨也成为中国文化的一种象征。

（朱静）

NO.11

被中香炉

香炉一

熏香自古以来就是人们的一种生活习惯。古人不仅要在居室中熏香，还要熏衣、熏被。在被中熏香，极易烧坏被褥，甚至引起火灾。这就要求香炉既能翻转运动，又不使香料外泄。被中香炉由此应运而生。"金鉬熏香，黼帐低垂。"是西汉诗人司马相如在《美人赋》中对少女香闺的描述。金鉬就是金色的香球。

张柏春（中国科学院自然科学史研究所研究员）："放在被中的香炉大家通常称它为'被中香炉'。香是放在一个斗里面，斗加上香后有自重，使斗

香炉二

香炉三

香炉四

铸造技术一

处于向下坠的趋势。两个相互垂直的旋转自由的环叠在一起以后，就使中间重物始终保持常平的位置，也就是说它的重心始终靠下，上面是平的。"

被中香炉一度失传，现存最早的实物是唐代的"镂空银熏球"。它由镂空半球、炉体和圆环组合而成。壳上装有系链和挂钩，遍体镂空，内置圆环，运转灵活，声声清脆。球面上数组形态各异的花鸟栩栩如生，令人不得不为古人的奇思妙想和精湛工艺叫绝。

被中香炉的出现绝非偶然。早在上古时期，人们为了保持物体平衡，发明了对称的双耳结构。为了使其在各个方向都能保持平衡，人们在此基础上发明了多环结构。汉代著名的浑天仪就是复杂的多环结构的代表。

正当被中香炉袅袅的氤氲营造着仙境般氛围的时候，在欧洲大陆，类似的结构——卡丹平衡环也悄然出现。这个设计最初为油灯所用，大约在1 500年，达·芬奇用它来稳定

铸造技术二

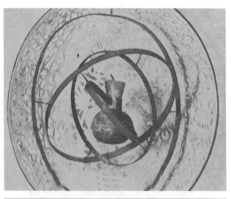

卡丹平衡环一

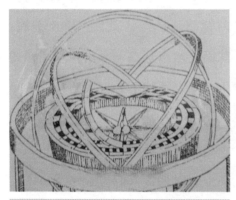

卡丹平衡环二

卡丹平衡环三

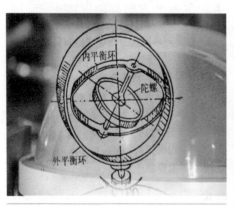

卡丹平衡环四

测量仪

现代万能支架

马车救护车

香炉的制造工艺一

香炉的制造工艺二

和平衡罗盘。正是这项构想，为欧洲大航海时代的到来奠定了重要的技术基础。

时光飞逝，被中香炉的常平系统有了新的发展：悬挂的香炉变成一个实心的沉重的轮子或圆盘，并且围绕着自己的轴旋转起来。这种在三个方向上都能自由活动的旋转圆盘就是陀螺仪。现代科技文明赋予它大显身手的空间。

王渝生（中国科技馆馆长）："它把古代被中香炉的水平支架、常平支架的原理与现代需要比如地平仪、经纬仪、传感仪结合起来，然后就可以用它测量地质现象，测量航空、航天、航海以及在地面上跑的汽车，使它保持某种水平状态。"

今天，当航天器拔地而起的瞬间，当汽车驰骋千里的时候，当人们舞起龙灯的时刻，谁曾料想，常平支架简单实用的原理都在其中扮演了重要角色。追根溯源，这一切的始祖正是香气袭人的被中香炉。

（范文晗）

NO.12 奥妙无穷的黑白世界

——围棋

片头

　　围棋，古时称弈，是我国传统棋艺之一。它比象棋更古老，相传有4 000多年的历史。后来，围棋从中国传到日本、朝鲜及欧美各国，成为风靡一时的国际性棋艺。每年，各国棋手们都要聚集一堂，切磋棋艺。然而，围棋这项令无数人着迷的游戏究竟是什么年代、由谁来发明的呢？

　　围绕这个问题，自古就有很多传说。唐代大诗人皮日休就曾因围棋的无穷奥秘而感叹只有神仙才能发明它。在清人辑集的秦汉典籍《世本》中有这样两句话："尧造围棋，丹朱善之。"这是关于围棋最早的记载。丹朱是尧的儿子。这种说法只是一种根据不足的传说，是古人祖先崇拜意识的反映。不过它表明，围棋最迟在先秦时期就已经出现了。

围棋的历史非常悠久，到春秋战国时期，已在中国相当流行。被推崇为围棋"鼻祖"的弈秋就是当时诸侯列国都知晓的国手。

盘

专家："在浙江衢州有一座烂柯山。相传有一个樵夫进山砍柴，走到此处，见两位老者下棋，他吃了那两人给的一个枣核大小的东西后便在一旁观棋。一局还没有下完，樵夫的斧头柄已经腐烂了。当樵夫下山时，发现物是人非，已经过了100年，真可谓'山中方一日，世间已千年'。于是后人就把围棋这个让人着迷的游戏叫做'烂柯之戏'。"

围棋的确让人痴迷，但仔细观察围棋的棋盘，却是再简单不过的结构。方形的棋盘纵横交错，圆形的棋子黑白分明。下围棋多为两人对局，用棋盘和棋子进行，有对子局和让子局之分。前者执黑先行，后者上手执白子后行。开局后，双方在棋盘的交叉点轮流下子，一步棋只准下一子，下子后不再移动位置。终局时将实有空位和子数相加计算，多者为胜。相比象棋的楚河汉界、车马相炮，这种最质朴的棋艺为何能荣获棋之鼻祖的称号呢？它的独特魅力又在哪儿呢？

古代棋盘

专家："围棋是奥妙无穷的——

黑白两色象征着阴阳。古代的中国人认为天圆地方。棋子圆，象征着天；棋盘方，象征着地。棋子是运动的，棋盘是静止的，不正是'天圆而动，地方而静'吗？围棋下法复杂多变，运用做眼、点眼、劫、围、断等多种技术和战术来吃对方的子和占有空位，以制胜对方。下围棋通常分布局、中盘、收官三个阶段，每一阶段各有重点走法。从战国到秦汉是围棋大发展的时期，这和当时战争频繁有很大关系。"

古棋子

"棋盘上361个交叉点可演变出无穷尽的变化，不要说全局，就是角上一个普通的变化都能产生出千万个定式的变化。这体现了东方思维的特点。围棋所有棋子都是平等的。每个棋子都没有名字，没有固定的路线和规则，它们平等、自由，可以一步登天，也可以坐地不移。围棋讲究整体，群体重于个体。与注重个体的象棋相比，围棋更代表了东方人的智慧。"

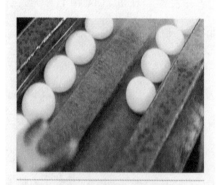

棋子

我国围棋之制在历史上曾发生

下棋的器物

围棋

棋局

下棋

过两次重要变化，主要是在于局道的增多。第一次发生变化是在魏晋前后。魏邯郸淳的《艺经》上说，魏晋及其以前的"棋局纵横十七道，合二百八十九道，白、黑棋子各一百五十枚"。但是，在甘肃敦煌莫高窟石室发现的南北朝时期的《棋经》却载明当时的围棋棋局是"三百六十一道，仿周天之度数"。表明这时已流行19道的围棋了。

当时的统治者以棋设宫，建立"棋品"制度，对有一定水平的"棋士"，授予与棋艺相当的等级。当今的职业围棋手是用段位来定棋手的等级的，最高为九段。而古时候称之为"品"，棋手的棋力也是分为九品。与现在不同的是，九品制却是以一品为最高。现在日本围棋分为九段即源于此。在台湾地区，职业围棋手至今还沿用九品制。

唐宋时期，围棋活动发生了第二次重大变化。这时的围棋，已与弹琴、写诗、绘画一样，被人们引为风雅之事，成为男女老少皆宜的娱乐项目。古代中国，人们把琴、棋、书、画作为四种必备的艺术修养。这其中的棋，指的就是围棋。

当时的棋局以19道作为主要形制，围棋子已由过去的方形改为圆形。

最初的围棋子是由石头磨制而成的。山东邹县出土的西晋围棋子，是迄今为止中国发现的最早的围棋子。随着工艺的发展，云南永昌府出产的云子，以其精良的制作工艺而享有盛名。云子距今已有500多年的历史。从外观上看，犹如天然玉石磨制成的云子，实际上是以熔炼的方法制作而成的。

在中国历史上，围棋下得好，还可以获得官职。唐玄宗开元年间设置了围棋官职，叫做棋待诏，隶属于翰林院。棋待诏专门陪皇帝下棋，教宫人下棋。到了宋代，宋徽宗更是标新立异，设立女子棋待诏。从唐代到宋代，棋待诏这种官职历500余年不变，极大地推动了围棋的发展。

唐宋以后，围棋活动更为普及。及至明清两代，棋艺水平得到了迅速提高。一是流派纷呈，二是市民阶层围棋活动广为普及，三是围棋著述大量涌现。南北朝时期，围棋十分盛行，加之统治者对围棋的重视，以及纸的广泛应用等因素，棋谱应运而生。棋谱把当时名棋手对局中的精化棋局编撰成集，总结了围棋的实战经验。北宋李逸民编辑的《忘忧清乐集》和张凝著的《棋经十三篇》是现今能看到的较早的围棋棋谱。这些著述无论在围棋技艺还是围棋理论上，都对后来甚至当代围棋的发展产生了重要影响。

中国的围棋古法，开局都置有"座号"（或称"势子"），即黑白双方各在对角星位先摆两个子，千余年来未曾改变，这对围棋的布局变化限制很大。日本废除旧法已久，有利于棋艺的演变。日本围棋技艺的引进，使中国围棋发生了很大变化，旧的一套模式终于被冲破了。

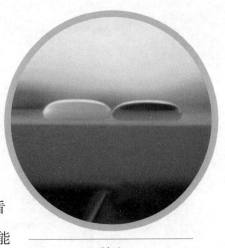

棋子

"人生一局棋"，古往今来，多少人生的哲理，都能够在棋局中得到印证。人的出生，犹如第一枚棋子落在棋盘上：布局、序盘、中盘、定型、收官。看似不可收拾的棋局，也会有变化，甚至可能最终"翻盘"，成为好局。

围棋，在漫长的历史进程中，以它独有的形式，对宇宙与人类的和谐与均衡作出了最精确、最形象的描述。

当人们拿起这晶莹剔透的黑白子时，天地似乎在人的手中流转。

（范文晗）

NO.13 跨越古今的农具

————犁

皇帝的一亩三分地

从公元14世纪开始，中国皇帝在每年的农历二月初二，都要到他的一亩三分地上，亲自扶犁耕地，以动员人们春耕。

时间到了公元21世纪，泰国和柬埔寨的君主们同样要完成这样的工作，以盼望五谷丰登。而他们用的耕地工具，和700年前中国皇帝用的一样，都是犁。

任何一种器物的产生都有一个由来，犁的历史，最早可以追溯到四五千年前，这是有考证的。根据发掘出来的文物，我国浙江良渚文化新石器时代的遗址，就曾经出土了用石头做的犁，可以说那个时候人们就开始使用这种工具了。作为田间耕种非常重要的一种农具，在现代农村特别田野里就很少能够见到犁了。但它仍然是非常重要的工具。那么犁究竟是怎么发明出来的？最早的人们是怎么想到用这样一种工具来耕地的呢？很多学者认为我们现在说的犁

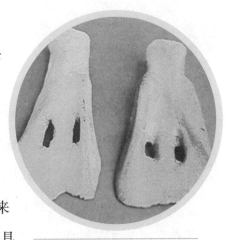

原始农具

是由一种叫耒耜的农具演变而来的。这个耒耜到底是什么样子呢？

如今，我们可以通过一些古籍和文物，依稀见到耒耜的样子。它是古老的农具耒和耜的结合物，传说耒耜是由神农氏发明的，可以说是犁的前身。

肖克之（中国农业博物馆副研究员）："耒主要是点穴用的，它是一根木棍，前面有一个尖，然后锄地，把种子点下去。耜是把一块木头劈开，像铲子型的，把两个东西加起来以后，一个人就可以独立翻地，这样就提高了人们的生产率。这个东西就叫耒耜。"

作为一种破土用的农具，耒耜刚被发明出来的时候，极大地促进了

炎帝

当时农业的发展，使古人真正学会了耕地。不过当时，人们也发现，用耒耜来挖土耕地，只能一下一下地工作，就像咱们今天用铁锹一样，不能连续起来工作，费时而且费力。于是古人便产生了让耒耜插在土中连续作业的想法，这也就是人们发

明"犁"的最初想法。

肖克之："如果说耒耜是一张照片的话，那么犁就是一个动画。它可以连续不断地进行运作，比原来耒耜的生产能力提高了一倍以上。"

耒耜确实可以完成翻土耕种的工作。一个人在烈日炎炎之下举着这样的耒耜，在地里一点点翻土耕种，效率实在太低了。怎么让这个耒耜插到土里以后能连续作业，从而提高它的效率呢？

清代农书《授时通考》对耒耜进行了描述，这样的耒耜看起来与古老的耒耜并不一样。许多专家认为，这里描绘的并不是原始的耒耜，它似乎是经过一定演变的，由耒耜向犁过渡的一种中间形式。不过因为没有形成定型的农具，所以没能流传下来。

迄今为止没有发掘出一个完整的过渡时期的犁。另外，从古典文献中也未看到这方面的明确记载，只是在汉代以后有一些简略记载。

不过，从古至今也有许多科学

原始农具

犁演变一

耜

家依据已有的资料，对耒耜向犁过渡的中间形式进行了大胆的假设。我国著名学者孙常叙先生就曾经对耒耜变成犁进行过大胆假设。依照这种看法，我们也可进行大胆的假设。根据耒耜的形态，如果添加牵引部分——辕，改变一下底部长度，再加上支撑辕，就有些像犁的雏形了。

犁演变二

这个演变过程基本这样，但是它没有我们想象的那么简单。实际的演变过程是很复杂的，经过很长时间不断地修正改变，才变成后来的犁。

虽然我们目前还不能确定各种假设的真实性，不过可以肯定的是：从原始社会开始，直到近代，这4 000多年中，人们一直在不断地改进犁，使之更加坚固、实用。

在新石器时代人们用的犁，它的翻土部分也就是犁头，多数是用石头做成的。现代人把这种犁称为石犁。然而，在使用中人们渐渐发现这种石犁硬度不高，很容易损坏。

商周时期，人们无意间发现了青铜，于是便有人用它来制造犁。不过由于铜开采量少，造价高，所以铜犁在历史上出现的时间很短、数量也少得可怜。

夏、商、周三代，青铜的使用也不是普遍情况，基本上在贵族之间使用，很难用于农业生产工具的制造。

犁演变三

西周末年，一种较为便宜的金属——铁，适时地登上了历史舞台，这为犁的发展带来了新的可能。

当时人们称青铜为美金，称铁为恶金，但对农业生产而言，这个称呼不太公允，因为铁非常便宜也简便，在实际生活中比青铜更加锋利、更加坚硬、更加适用于农业生产。

铁犁比过去的石犁、铜犁更加耐用、方便，于是春秋战国时期人们便开始使用铁犁。一直到现在，人们使用的还是铁犁。

现在我们从甲骨文中的"犁"和现代汉字"犁"中，都不难看出犁和牛之间的密切联系。在牛被驯化之前，人类只能由自己作为动力来拉犁耕地。这样的工作对人类来说，既繁重且效率不高。直到有一天，某些聪明的古人在他们驯养的牲畜中找到了一种温顺而有力量的动物——牛，来代替人力。

张合旺（中国农业博物馆办公室副主任）："牛是一种非常重要的动物。它原先主要是作祭祀用的，后

二牛抬杠

牛拉犁

南方曲辕犁

来因为铁犁的出现，人们发现牛比较能负重，而且能够长时间进行作业。人们通过在牛的鼻子上套上金属环，就使牛乖乖地听人的话了。牛能够进行负犁，能够进行长时间的作业，生产效率就大大提高了。据统计，一头牛工作效率相当于一个人的5～10倍。"

两汉时期，中原地区人口稠密，普通农民分得的农田并不太多，所以人们力求在提高犁的工作质量基础上相应提高作物的产量。尽管当时的犁结构已经比较完备，不过仍然有许多人在积极改进它。

犁壁是汉代出现的一种非常重要的耕犁上的工作部件。在没有使用犁壁之前，传统的耕犁，靠犁铧只能进行开沟破土作业，有了犁壁之后，它和犁铧形成了一个连续的工作曲面，在前进耕作的时候把土垡翻转过来，把杂草和虫子压在下面，能够起到锄草、灭虫的作用。

改进后的犁，结构比较丰富，除了犁头上添加了犁壁之外，犁架中的4个主要部件——犁梢、犁底、犁辕、犁箭都已经具备。在许多汉代的壁画、画像石刻中，都可以看到这样结构丰富的汉代铁犁。另外，人们还发现，有许多汉代犁，它的犁辕是直直的，而且很长，犁头大而重，一般得用两头牛牵引。那时，汉代人把架在两头牛之间的横条木叫作"杠"。这种牛耕方式又被人们叫作"二牛抬杠"。

汉代的犁铧一般比较大，它的边长最大的将近40厘米，必须用大而粗壮的犁体来支撑这个犁铧，必须用牛这种最强壮的家畜来牵引，一般都是使用两头牛。这种生产方式，比一个人或两个人操作一台犁的工作效率提高了5～10倍。所以这种犁到近代在一些地方还在使用。

《汉书》中说，采用二牛抬杠，每亩增产四分之一，可以说是"用力少而得谷多"。然而这时，人们也在想是否能用力更少而得谷更多呢？

汉代的二牛抬杠在面积比较大的农田里效率相当高，如果是在梯田或者是那些面积比较小的农田，就不方便了。该如何解决这个问题呢？

自隋唐以后，特别是"安史之乱"以后，中国的经济重心开始移向南方，人们也开始大量向南方迁移，同时，他们也带来了先进的农具——犁。古人说："工欲善其事，必先利其器。"为了让犁在南方小块的水田中使用起来更方便，古代江南人不仅缩短了犁辕的长度，还把它由直变成了曲。于是，当时江东地区普遍应用的"曲辕犁"也就是江东犁诞生了，后来它还普及到了北方。

曲辕犁的辕的最大特点是犁辕弯曲。犁辕长度比较短，相当于二牛抬杠犁辕的二分之一。这种犁最大的特点就是，非常适合南方水田地区和梯田小块田地耕作。曲辕犁由于形体比较短小，一头牛就可以拉动，它的生产效率相对来说，相当于二牛抬杠两头牛的生产效率，生产效率大大提高了。

对曲辕犁的描述，在唐代文人陆龟蒙写的《耒耜经》里可以清楚地看到。通过这样详尽的描述，人们也不难对1 200多年前的曲辕犁进行复原。复原后，人们惊奇地发现，唐代的曲辕犁竟然与现代使用的犁如此相似。

肖克之（中国农业博物馆副研究员）："唐代的江东犁与定型捕捞犁没有大的变化，基本上是根据它使用的对象，比如橡梯田、旱地、水田，由于田的大小宽窄不同而不同。现在，犁的大小以及一些部件被简化，而本质上没有区别。"

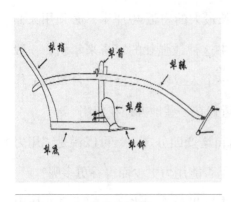
犁的示范图

17世纪的时候，带有犁壁的中国犁传到了欧洲，引起了欧洲农业革命。如今，世界上的许多地区都已经用上了机械农具来工作，不过我们在这些新型的机械农具上仍然能够找到犁的影子。

现代犁

如果说在农业生产中耕种这个概念是从神农氏发明耒耜而产生的，那么犁的出现可以说就是把农业生产从一种粗耕状态提升到了精耕细作的阶段。

正是因为农业生产对人类实在是太重要了，犁经过四五千年的演变一直发展到了今天，沿用到了今天。

（沈小凤）

NO.14 古床

片名

在一条不长的胡同里，有一家不大的茶楼。从外观看它和别的茶楼没什么区别，但你走入其中就会发现，茶楼中每一个小隔间都是用古代江南少女的闺床改制的。据茶楼老板讲，这里的每一件闺床都是他亲自到南方淘来的真品。整个茶楼古香古色，弥漫着江南水乡的清幽。

把江南女子的闺床改装成一间一间的茶座，这个想法确实挺别致的，可能坐在里面喝茶真的会有点一帘幽梦的感觉。其实不光是这位茶馆老板，现在不少人对收藏古式的床榻还是很有兴趣的。有一个紫檀木的古

清朝紫檀木古床

二进式古床

现代双人床

古人席地而坐

式床榻，那精雕细刻的样子，就像是一座小型的宫殿。古人在一张床上费苦心到这样的地步仅仅是为了舒适吗？从古床的设计上，人们可以想象到古人生活当中很多非常生动有趣的画面。

在中国紫檀博物馆有一个房间是仿照清朝皇室结婚时用的喜房装饰的，看着屋内讲究的摆设，让人好像回到了那个等级森严的时代。屋子中最醒目的就是那张居于房间中央的床榻，做工精细、纹饰考究，从它在屋子中的摆放位置足以看出古人对床榻的重视。

架子床是典型的清朝时期南方民间的一种闺床，它的外围全都镶上了木板，使得整架闺床如同一座完整的建筑。在其外部有一间小隔间，一般用来摆放少女们的私人用品，像胭脂、粉盒一类的东西。在那个时代，大家闺秀是不能蓬头垢面出来见人的，往往是要梳洗打扮完毕了才能出来。冬天为了保暖，床上往往会挂上一层棉帐。像这种带隔间的床，隔间外面还可以多挂上一层棉帘，这样就可以更好地避免热气外散，起到保暖、隔音的效果了。

由于地域的差别，南、北方的床有许多不同。北方架子床的架子很高，便于挂幔帐，三面也有围挡。虽然不像南方的床那样挡得严严实实，但也起着同样的作用。

现如今大多数的床只在床头有挡板，其他三面都空着，这样是为了便于上下。可为什么古时候的床三面都要装上挡板呢？是否最早的床就是这样的形状呢？

最早的床就是一个小平台，或者一块木板，有四个立柱支着。或者是用砖砌一个台子，也可以叫床。唐代以前，床的概念非常广，不仅坐具称床，卧具称床，其他的像火炉、火盆架子也叫床，砚台盒也叫床，连凳子也可叫床。

最早床的造型是极其简单的平台式，既无架子，也无三面围栏。后来慢慢开始有了现代意义上的床。

《女史箴图》中的床

古代"床"字

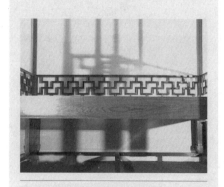
床下架空

而最初的床和榻并称为床榻。床是奢侈品，却不是必需品。普通百姓不会有专门置床榻的讲究。榻跟床差不多，可坐可卧。榻大多无围，又有"四面床"的称呼。在晋代著名画家顾恺之的《女史箴图》中，已经能见到有围板和架子的床，它的高度和今天的床差不多。可为什么那时的床要镶上围板呢？

床面离地有距离

镶木板一是为了美观，二是在睡觉时往往被子容易垂地，没有那个围子，被子滑到地下是很平常的事。南方、北方的床都讲究带围子，但是带围子的床是宋代以后才流行的，以前的床极少有围子。

古人做的家具会有各种各样的挡板，然后还会用帘子、幔帐把它遮得严严实实，为的就是追求心理上的一种安全感。但与此同时，我们又发现这个床的底下一般都会被架得非常高，架得很空。这是为了什么呢？

从古文字中的字形中，我们也发现了床下架空的特点。商代甲骨文"床"字的写法，表现的是一竖立的床形，床脚床面俱全，它也是"床"字的初文。小篆"床"字的右边加了"木"，表示那时床是用木材做成的。但无论怎样变化，都可以清楚地看到，这时床下是架空的。后来人们常用的床，底下普遍也是架空的。这是巧合，还是古人在最初时就有意而为呢？

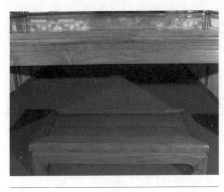

床前的脚踏子

雕花的床

底下架空是为了离开地面，离开地面是一个非常科学的做法。中国有句俗话，说空气都会阳气上升而浊气下降。新鲜空气都是往上飘的，污浊空气都是往下沉的，床远离地面是为了身体健康。

既然是为了保证身体健康，那么床应该远离地面多高才可能对身体有益呢？那些古床，不论是坐着还是躺着都非常舒服，那么在古代，人们在床高度的设计上又有着什么样的讲究呢？

床的高度一般都在50厘米左右，它是根据人的小腿高度来设计的。椅子也好、凳子也好、床也好，高度都是50厘米左右，一般是50～55厘米，这个高度是非常科学的。

作为家具而言，它的比例需要和建筑整体呼应。如果房间过高过大，家具的比例也要随之加大。但是床做大了，床面离地的距离再做50厘米高，床本身就显得不协调，这时候床的坐面就要做高。同时，人们会在床前加上一个脚踏子，这样便于人上下床。当人坐在床沿上，两脚垂下来时，他的脚正好能踏在脚踏面上。而从脚踏面到床面，这个高度仍然是50厘米左右。中国古代家具都是以满足人的生活需要为基础的。

现代人睡这样的床可能未必会觉得习惯，但是古人在做床的时候这么讲究这么精细，肯定是有他们生理和心理上的要求的。那个时候，中国古代木工的技术是非常高超的，有的

榫卯组合

整张床的制作不用一钉一铆就可以完成，靠的就是榫卯结构。不用说床了，那时候木制的建筑都可以这样完成。

工人雕刻

中国古代的木工技术非常完善。很多精雕细作的纹饰都是靠榫卯组合衔接的。古人对这些榫卯的制作过程要求非常严格，他们规定制作出的榫卯要做到上下左右、粗细斜直、扣合严密、联结合理，如自然而成一样。在制作时，匠人们往往都会对于每一个小部件精心雕刻、小心打磨。

如一件方形家具的腿足与方形托泥的榫卯结构，它由5个部分构成。组合这几件榫卯的过程并不复杂，但是要想把无数的榫卯组装成一张完整的床榻就不是一件容易的事情了。

为了制作一张好床，古人往往会花费很多心思，比如不断地改进加工工艺，改进床的形制等。在古代，一张好床的制造过程常常要经历数年甚至数十年的时间。

如一张现代人仿古代工艺制作的床，它的加工制作耗时两年半。这

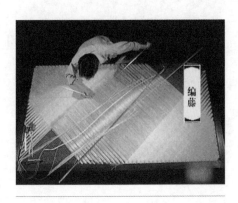

编藤

张在南方制造的床榻，就地取材，选用了江南盛产的竹子做原材料，来编织床榻面。经过工匠们认真学习、研究古代床榻独特的加工工艺，最终制造出了既美观大方又非常实用的床榻。

精美的古式床榻不但舒适实用，

古床上的纹饰

而且也能体现出其主人的文化品位，甚至包括身份、地位等，这尤其明显表现在古床的外部装饰上。明清时期对床外部的雕花特别讲究，每一件雕花都有着特殊的含义。比如说，床楣上刻着喜鹊的，寓意"喜上眉梢"。龙凤纹饰，则寓意"龙凤呈祥"。还有雕刻着玉兰花的，寓意着纯洁美好。喜床的雕花更是非常讲究，象征着吉祥如意，其花纹既装饰了床，使床外观更加优美、典雅，同时也表达了人们对美好生活的期盼的心声。现在有越来越多的人喜欢古式床榻，不仅因为它具有精美的外观，其中也包含着人们对文化品位的追求。

据说，人的一生中有三分之一的时间是在床上度过的，床对于我们来说应该是件最重要的家具了。在古代，一张精美的床榻，象征着主人的身份、地位。而现在，古代的一张精美的床榻与其说是件奢华的家具，毋宁说是件工艺品。

（姜丹）

NO.15
网的世界

蜘蛛网

　　网，是人们捕鱼猎鸟的用具，也是人类最早发明的工具之一。几千年来，随着时间的流逝，网不仅没有失去原有的作用，还越来越多地渗透到我们生活的方方面面中来。

　　蜘蛛，肯定是先于人类的织网高手。而我们的先民是什么时候学会织网，恐怕就无从考证了。但有一点可以肯定，人类编织的最早的网是用来捕鱼的，也就是渔网。

　　莱州博物馆的研究员崔天勇介绍说："远古的人们手挽着手到大海

（浅水）里去捕鱼、捉鱼，把挽着的手（臂）伸开后可以捕（拦）到鱼。人们从中得到启发，设计出了渔网。再一个我认为是受到自然界中蜘蛛结网现象的启发。蜘蛛结成网以后空中飞的蚊子、飞蛾等昆虫很容易被网给粘住。"

最原始的渔网只是一个网片，由两个人或几个人用手拉扯着在水里围捕活鱼，这样不仅减少了人工，还提高了捕鱼的成功率。

我们把两人拉网抽象一下，甲骨文的网字和金文的网字，既像被拉开的网，也像是张开的网。

这种简单的捕鱼方式不知持续了多少年，人们开始改进渔网。在渔网的下面挂网坠，把漂在水面上的渔网往下拉，对应的还有漂子，这样的网就不再需要人用手牵扯了。在科学技术如此发达的今天，渔网的基本结构还是这样，上面是漂，中间是网，下面是坠，一用就是几千年。

关于渔网最早的文字记载是在

捞网

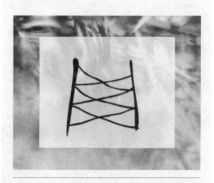

网的象形字

山东莱州渔村

《易经》里面，说的是伏羲氏"作结绳而为网，以佃以渔"。当然，这只是一个传说。渔网不是一个人在一夕之间发明出来的，而是在生活中逐步完善的。

　　要想结网，得先有绳子，这个绳子的材料可就多了。比如因纽特人，他们生活在极地，气候非常寒冷，环境条件很恶劣，他们用什么做渔网呢？用海豹皮。有的时候他们还用什么呢？用鲸的须子或者柳树皮。虽然这些材料听上去挺新奇，也挺结实的，但是这样的材料很容易腐烂。我们会看到因纽特人老是在不停地做新的渔网，因为一个渔网很容易就坏掉了。一般他们会在每年的春天和夏天，稍微暖和一点的季节来积攒做网的材料，然后到了漫漫的冬天来临的时候，因纽特的妇女就会躲在她们的冰屋子里面，耐心地织好一张张新的渔网。织网很费劲，其实到了真捕鱼的时候，操作起来倒是挺简单的。他们只要一群人下到浅海的地方，下一张大网，等待一会儿，把这个大网慢慢拖拉上岸，鱼就捞到了。这和我国的沿海地区浅海的地方，捞鱼的方式是一模一样的。

　　现在的渔民在用什么网捕鱼呢？山东省莱州虎头崖镇的小沟村，是一个普通的渔村。于大爷是村里的长辈，他说，过去的渔网是用棉麻织的，为了使网绳坚固，隔一段时间就要用猪血浸泡。这种网现在已经见不到了。现在的网都是用塑料绳、尼龙线和玻璃丝线编织的，漂子是泡沫塑料做的，过去用的是木头。网坠过去用石头，现在用的是铅坠或者铁块。

　　渔网发展到今天，不外乎活动的网和固定的网。从现在渔网的种类基本能够看出渔网的变迁过程。由于有了网坠和漂子，把网撒出去，一个人就能用了。当人们在水边很难捕到鱼的时候，坐上船到水深处去捕鱼，网就越织越大，最终演变成今天我们大规模使用的拖网。这种网由渔船拖行，将沿途的鱼类搜罗入网，是捕鱼量最大的一种网。为了防止渔网在海底被礁石等磨破，网底上也常有胶皮。

在走向深水的同时，人们同样学会了守株待兔。人们发现鱼总是顺着水流的方向游动，于是人们就在河道两边堆上石头、土，将河道变窄，把一个肚大口小的渔网固定在这里，碰到鱼群涌入后收网。

老渔民说："来什么鱼，你织什么网，这鱼不到季节不来。"

写到这里，我们不妨再看一看蜘蛛网。有一个有趣的现象，同一个蜘蛛结的网，网孔大小和丝线的距离在不同季节是变化的。因为在不同的季节，蜘蛛能够捕到的猎物是不一样的。我们的先民是不是受

渔网上的"目"

渔网底部的胶皮

河道捕鱼

了蜘蛛的启发呢?

同样一个粘网,人们把漂子做大,网坠做小,就成了漂在水上层的漂网;相反把网坠做大就成了沉到水底的底网。这样可以有选择地捕鱼。

粘网

老渔民说:"一般鲅鱼都在上边,打鲅鱼就在上边。底下一般是黄花鱼,就是脑袋处有两块石头的那种鱼。"

过去的渔网都是手工编织的,有一部老电影叫《海霞》,渔家姑娘在海边织渔网的景象印在许多人的记忆中。

编织渔网就是用梭子带着网线在织好的部分上打结,这样一圈圈地网就出现了。梭子就是用来控制网眼大小的一种工具,它是一块竹木片,这里的人管它叫"眼子"。现在的渔网都是用机器编制的,只有漂子和网坠靠手工编织上去。

她们织的粘网和拖网,网线为什么粗细不同呢?

老渔民说:"粘网线要细,鱼看不见,所以它往上撞。只要有鱼,它往这儿跑,就让网网住了。这种网(拖网线)细了不行,必须让网拉着拖着,鱼再一跑,叫船拉着,就拖进去了,是这么个情景,所以线必须要粗。"

一个小小的渔网,里面居然有这么多的学问。当年郑和下西洋的时候,将渔网带到了印度,至今当地的人还叫它中国渔网。

另一个季节的蜘蛛网

电影《海霞》中的镜头

年复一年，海滩上的船不知不觉地越造越大，人们手中的渔网也越来越长，而网眼却越来越小，什么鱼都逃不出去。更为可怕的是，人类肆意丢弃的渔网正在给海洋生物带来危害，据统计，每天有上千只海洋哺乳动物死于渔网。

渔网使用完了，废弃了，怎么办呢？最简单的办法，把它丢到大海里。这么做虽然简单，可是却埋下了隐患，这样的网在海洋当中可能会给很多海洋生物带来很大的灾难。比如说它们会被网困住、缠住，甚至因此死亡。我们也听说过有潜水艇被渔网缠住的事件，这些都是弃网带来的危害，这也是人类的这种不恰当的处置方式带来的恶果。

其实网的用途还有好多，现代的很多体育运动，哪一项能离得开网呢！说网和体育比赛密不可分并不过分。在目前的80多种球类运动中，绝大多数都有球网。足球的球门在19世纪中叶以前是没有网的，于是高速飞行的球是否进门往往会引起争议。一家渔网厂的老板在观看足球比赛时，突发奇想，在球门后挂上渔网，这个问题才被解决。网从生计走到了娱乐。

人们发现网很容易装东西，就将网制成兜状，发明了方便实用的网兜。

网的保护、阻隔作用用在建筑业，成为防止人员坠落的保护网。现在我们几乎处处可以看到各种网状

手工编织渔网

的物品。

无形的网也渗透在生活的方方面面，像互联网，缩小时空距离，已经让地球像一个小小的渔村。

还有人认为人类的织造技术也从编制渔网发展起来的。

网对语言文字的贡献也是很大的，让我们来看一下渔网，前面粗绳的部分叫"纲"，

中国渔网

网眼部分叫作"目"。"纲举目张"就是说拉起纲，目就张开了。这个成语比喻做事情抓住主要环节，带动次要环节。

网这个字其实从古时候就已经被人们应用在各种层面，引申出各种各样的含义。比如，老子说，"天网恢恢，疏而不失"，从这儿就有了成语"法网恢恢"。还有《汉书》里说王莽"网罗天下异能之士"，"网罗"这个词在后来也使用很多。在摩纳哥出了一套邮票，邮票的主题是禁毒，邮票的中心图案就是蜘蛛网，为的是提醒人们不要陷入毒品的圈套和陷阱。还有就是，现在我们经常形容一个人说，那个人常常爬在网上，其中的意思大家心里都明白。

（吕洁）

NO.16 独木舟

古代浮木过河

　　假如我们在徒步旅行，眼前出现了一条大河，怎么办呢？过去有一个故事，说的是一个农夫，他碰到这种情况，想到了一个好办法。因为他身上带着斧子，他就用斧子砍下了旁边的一棵树，然后就把这个树干凿成了一条独木舟，他驾着这条独木舟渡过了河。过河之后，农夫就想，我这条独木舟真是太有用了，我得带着它走，万一前面还有河怎么办呢。可是独木舟是很沉的，于是这一路走得非常辛苦，又走得很慢，这一路他再也没有碰到河。这个故事让人想起了佛教经典《金刚经》，里面也有

撑筏子过河

山东莱州出土的隋唐时期的独木舟

独木舟上的盖板

舟的象形文字

这么一段，是佛陀用木筏子来比喻自己的说法，意思也是一样的，就是说渡过了河，这个木筏子就该舍弃了。故事的含义是很深刻的。

船实现了人类走向大海的梦想。最早的船是用一根木头做的，那就是独木舟。我国很早就发明了独木舟，靠着独木舟，我们的先民以非凡的勇气和智慧走向了海洋。

独木舟就是把原木凿空，人坐在上面的最简单的船。生命离不开水，远古的时候，人们大都聚集在有水的地方，以渔猎为生。我们猜测，先民们在观察了解大自然的时候，发现木头可以浮在水中，就想到了伏在木头上过河。《淮南子》里讲，燧人氏抱着葫芦进到水里，伏羲氏乘着筏子过河，筏子应该是舟船发明以前出现的第一种水上运载工具。

在《易经》里又描述伏羲氏剡木为舟，这里的舟就是独木舟。在浙江萧山跨湖桥新石器遗址出土的独木舟说明，我们祖先制作、使用

诺亚方舟

独木舟的历史至少已经有7 000年了。

在山东莱州博物馆有一艘出土完整的独木舟。这条独木舟是用一根木头雕凿出来的，船头是圆的，船尾是方的，而且头高尾低，说明隋唐时期的人们已经有了流体力学方面的知识。

这条独木舟长6.6米，宽0.9米，0.4米高，里面坐四五个人不成问题。

博物馆的研究员崔先生介绍说："从同时出土的一些伴出物考证，这条独木舟应该是隋唐时期的，已经是一个比较成熟的独木舟了。"

崔天勇："莱州出土的独木舟，首端和两舷之内有突起，突起的内侧靠首端，尾端挖有挖槽。挖槽上面，我们推断可能盖有盖板，这种盖板起横向支撑的作用，同时起到加固独木舟船头船尾的作用，这样，它的抗风浪打击能力显著加强。"

盖板的出现也为后来甲板的发展打下了基础。在它的船尾还有两个洞，这很有可能是当时插风帆用的。

这条独木舟的船体很薄，舟表面也很光滑，这说明当时已经有非常好用的金属工具了。

在甲骨文里，"舟"字就像是一艘简单的小船。

如果把这个"舟"字上面加上八和口，就成了"船"。西方诺亚方舟的传说里，方舟里承载的就是八口人和一些动物。也许是巧合，也许我

古人伐木

仿制独木舟

烧砍后的木段

两端绑着漂浮物的独木舟

双体独木舟

们确实来自同一个祖先。

据说，我国古代造舟的历史和造车的历史几乎一样久远，夏朝的时候就已经有人能够做独木舟了。我们知道现在要造一艘船，不管是轮船还是航空母舰，都耗资巨大。可是在远古的时候，肯定谈不上花钱的事，但是技术是一个问题。因为在那个时候，人们用的工具都很简单。虽然说独木舟不过是在一段木头上凿出一个木槽，可直到现在，在世界范围内，制造独木舟都是只有少数人才能够掌握的技术。

"刳木"是制造独木舟的方法。"刳"是剖开、挖空的意思。在石器时代，先民们的工具是石头的，用一个石头做的斧头去挖空一根巨大的木质坚硬的树干，这几乎不可能。那我们的先民是用的什么办法呢？

用火。在我国出土的一些独木舟上有明显火烧过的痕迹。先民是怎样利用火的呢？莱州博物馆的张英军按照原始的方法复制了一条小小的独木舟。

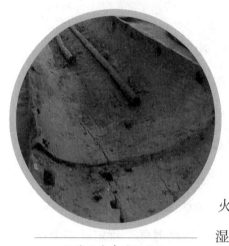

纵连独木舟的子母孔

张先生找来一段木头，又和了一堆稀泥。他将稀泥涂在了木头上，涂得很厚，如果我们面前是一根五六米甚至十几米的大树干，光往上涂泥巴就够干几天的。现在我们面前是一个准备好了要用火烧的木头，中间没有涂泥。这个好理解，湿泥是为了保护要留下的部分，但想到这一点未必容易，我们的先民真的是有智慧。

张先生在木头上架起了木炭。那时可没有发明木炭，古人只能用干草和小树枝在上面引火。人类学会用火真是一大飞跃，人类结束了茹毛饮血的生活，在火的帮助下，人类可以制造许多工具，像陶器、金属的出现，都是因为有了火。

现在把火炭拿下来，没有泥处的木头被烧成了炭状，用斧头轻轻地就砍下一层来。火和石斧轮番使用，一层一层地烧，一层一层地砍，就会在树干上挖出一个槽来。从仿制的速度来看，没有几个月，是造不出一条独木舟的。

独木舟的制造成功，是人类历史上的一件大事。有了独木舟，人们的活动范围扩大了，从此可以跨越水域，开拓新的天地，由此也促进了古代生产的进一步发展。

但是独木舟的稳定性很差，只有改进结构，人类在大海里才会走得更远。

就像会骑自行车的人不一定能骑三轮车，这个能划船的人，也不一定能够驾驭独木舟。在云南的怒江流域，我们还会看到人们沿用着一种古时候的交通工具——独木舟。这个独木舟是比较大的一种，还可以用来载客，带着客人过河，也就是摆渡。过江客在这个独木舟里的姿势是很难受的，因为船体很小，必须一个挨一个，很紧的，两个手还要紧紧地抓住两边的船舷，船夫可能会站在船头，也可能会站在船尾来划桨。因为独木舟的稳定性很差，就是一根木头，很容易被江水冲得左右摇摆，船里只要有一个人身子乱动一下，船就会摆得很厉害，甚至有可能会翻船。在怒江流域，除了听到江水滔滔的声音以外，我们还常常可

独木舟上安装横梁的孔

以听到船夫大声地喊叫，提醒坐在船里的人，千万不要乱动他们的身子。

早期的独木舟简陋，凹槽小，稳定性也不好。人们就在独木舟的两端绑上漂浮物增加稳定性，还有的干脆将两个独木舟并排连在一起，成为双体独木舟，这种方式国外用得比较多。

再就是将一个独木舟从中间劈开，作为两舷，中间加木版。

除了在横向上做文章，还有纵连的独木舟。

崔天勇先生介绍说："纵连式的独木舟，它是用多段，一般来说是两段到三段树干，分别挖出空槽以后，在前后衔接的地方实行子母孔的衔接办法，用榫卯结构把两段树干接起来，形成一个整体的独木舟。"

带横梁的独木舟示意图

在莱州博物馆，还有一艘与独木舟同时出土的纵连式独木舟，它的主体前后都有子母槽，说明前后都还有相连的部分。子母槽可以保证纵向连接的牢靠，而这三个孔是插木栓的。这三个孔不在一条直线上，三点决定一平面，那时的人们

已经用得非常好了。

后来的独木舟为了增加负载空间和稳定性，挖的凹槽逐渐增大，舟壳的厚度逐渐减少。舟壳变薄会影响横向稳定，古人便发明了横梁加固的方法，在舟上加几道横梁作支撑，这样不仅增加了舟体的结构强度，还可以让蹲在独木舟里的人扶着。"舟"字的甲骨文就是对这种形状的描画。后来，舟的横梁上又加木板，就成了甲板，独木舟就成了平板船的最底部的结构了。在这里，独木舟演变成了龙骨。在甲板上再造上层建筑，后世的船舶工艺就在这个基础上发展起来了。

"两岸猿声啼不住，轻舟已过万重山。"现在原始的独木舟已经非常少见了，而独木舟的演变形式，单人划艇却受到越来越多人的热爱。坐进独木舟，人就开始随着舟流动，没有桨架作为支点，所以划独木舟是人船协调和控制的行为。

人和船融为一体，在海天之间穿梭，这种一桨在手的乐趣和欢愉，是世界上任何运动都不能比拟的。

从考古出土的情况来看，中国使用独木舟的历史其实是相当久远的。但是从研究的状况来看，我们却落后于其他很多国家。我们国家是最早使用独木舟的国家之一，但是对独木舟的研究却远远落后于许多国家。比如在加拿大就有独木舟博物馆，那儿收藏了600多条各式各样的独木舟，非常有研究和考察价值。当然，这也和美洲印第安文化中独木舟承载着很重要的意义是相关联的。

泉州出土的独木舟

天工开物·器物科技简史

（吕洁）

NO.17

玉振金声

黄鹤楼古乐团表演的春江花月夜

在教堂寺庙常见的圆形钟被击一下，声音浑厚长久，但如果做成乐器，连续敲打之后，嗡嗡声此起彼伏，听起来感觉很乱。而编钟敲击后声音非常短，没有回音，连续敲打，声音和声音之间没有干扰，就可以进行慢速、中速甚至比较和缓的快速旋律的演奏。

同样都是钟，它们发音为什么会有那么大的区别呢？编钟的复制者之一蒋无间先生从事编钟研究近20年了。他告诉我们，两者的最大区别就是形状。编钟外形是扁圆形状，横截面是椭圆；圆形钟的内外表面形状都是圆形，它的横截面也是圆。编钟的钟肩是椭圆平面；圆形钟的钟肩是半圆球形。这决定了它们发出的音是不同的。

蒋无间先生说："里边还有不同，圆形的钟里边是光泽的，没有什么高高低低的东西。编钟里边有几条明显的隆起，对它的发音有影响。圆形的钟，因为是圆形，共振比较好，余音就比较长，相对讲基音的衰减，这些东西都比较慢、比较弱，几个钟一起敲，余音不断的话，就影响音乐的演奏，圆形的钟不适合演奏音乐。编钟的衰减正合适。"

编钟连续敲击的时候，音和音之间互相不干扰。钟上面突起的乳钉增加了振动时的阻尼，让声音快速衰减下来。

钟是谁发明的？传说中，黄帝曾经命令伶伦对应十二根律管铸了十二口钟。

目前发现的最早的钟是一只新石器晚期的陶钟。

"青铜时代"前后出现的铜钟和

黄鹤楼古乐团表演的编钟一

黄鹤楼古乐团表演的编钟二

编钟

圆形钟

圆形钟的振荡波

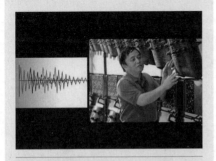

圆形钟的振荡波互相干扰

编钟的振荡波

编钟的振荡波互相不干扰

青铜钟是音色上的一大飞跃。后来单个的青铜钟发展到成组的青铜编钟，则是旋律上的一大飞跃，这两个飞跃都是在商朝完成的。

一个圆一个扁，形状不同，它们的命运也不相同。圆形的钟主要是舶来品，是从欧洲还有古代的印度传过来的。中国上古时代的钟都是合瓦状的，就像两个瓦片合拢在一起的样子。铸一口钟，说起来容易，但这个工艺是非常难的。据说美国人曾有一个庆祝典礼，他们就准备造一口钟。因为他们以前没有尝试过这样一种工艺，所以非常小心地造了一口钟，然后说敲的时候不要太使劲，免得把它敲碎了，就是这么小心翼翼地保护着，但最后还是把这口钟敲裂了。这是历史上一个很有意思的小故事，也说明铸钟是很难的。可是再回头想一想曾侯乙编钟，它在地下沉睡了2 000多年，出土的时候，还能发出那么美丽的声音。古时候的人为什么会有这么好的铸造钟的技术呢？

面对2 000多年前这套精致的乐器，许多人都跃跃欲试，想复制出相同的器物来。在曾侯乙编钟的故乡湖北，武汉机械工艺所一直走在前面，今天，他们已经可以驾轻就熟地复制编钟。然而当年，他们却花了几年的时间，涉及的学科遍及考古、乐律、物理、金属、铸造工艺，才复制成功一套编钟，能否经过时间的考验还无从得知。

由于编钟体外有铭文、文饰和许多突起的乳钉、体内又有隆起，学者们在编钟的铸造方式上有两种观点，一方认为是失蜡铸造的，另一方则认为是用最古老的陶范组合铸造的。但这都是在现代科学的基础上推断的，历史是什么样，也许只有那古老的编钟能回答。

有一个比较神奇的现象，是编钟的"一钟双音"现象，就是在一个钟体上敲击它正中间发出一个乐音，敲击它的侧面又发出另一个乐音，两个声音还互不干扰。这难道也是铸造出来的吗？

伶伦铸造十二口钟

古代陶钟

制作蜡模

失蜡铸造

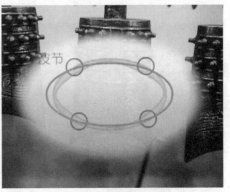

正鼓音振动模式

侧鼓音振动模式

修整蜡模初步调音

细调音

测音频

x

器物科技简史·玉振金声

105

夔和磬

在武汉机械工艺所，有一位姑娘正在修整一个已经做好的蜡模。这位姑娘说："这个是熔化的蜡，是编钟的初（步）调音。"

这位姑娘讲的初调音就是在改变那个蜡模隆起的厚度，那个地方叫音脊。当铸出的钟体发音不符合要求时，再用磨削的方法进行细部调节，一边磨一边调音，在出土的编钟上都能看到磨挫的痕迹。

现代人主要是凭借仪表、计算机来进行声音的频谱分析，再决定下一步如何磨挫。

武汉机械工艺研究所工程师刘佑年介绍说："古人2 000多年前是手工用石头进行调音。调音的过程当中凭借乐师的耳朵，还有一种叫五弦琴的乐器来进行调音。"

据说那时顶尖的乐师多是盲人，也许当一个器官失灵的时候，另一个器官会变得非常敏感。不知那些大师的耳朵能否比得过现代的仪器？

我们知道，物体是靠振动发音的。科学家发现，在编钟的正面敲击时，振动区域和侧面敲击时的振动区域恰巧错开了。

这总不会是巧合，没有人知道古人是怎样做到这一点的。难怪有人称编钟是第八大奇迹。

编钟是青铜制造的，它的声音清脆响亮，当它和石头制的磬合鸣时会是什么样？

就像琴瑟一样，编钟也有一个形影不离的伴儿，就是编磬。编磬是谁发明的？据说也是在上古的时候，有一位叫夔的乐人。他在舜的统治下作乐师，是他发明了磬这样的乐器。据说他当时是用石头做的编磬，然后他敲响这个磬的时候，周围的百兽都围过来翩翩起舞。这个磬是用石头做的，石头中的上品是什么，是玉。如果用玉做了磬，再用铜铸钟，两样合在一起，就是天坛神乐署大殿上有一块匾写的："玉振金声"。

夔的磬发出的是清澈透明的声音，和着铿锵有力的钟声，真所谓金石和鸣。编钟是金，编磬是石，金石错采交辉，观其形制就可以体味到千年之前王宫贵族音乐活动场面的壮观恢宏。钟磬，随着礼乐制度的发展成了地位和权力的象征，这使它们与百姓无缘，所以也就随着礼崩乐坏而走向消亡。

古人的智慧给我们留下了像曾侯乙编钟这样精品，不仅可以演奏古代乐曲，还可以演奏中外现代流行音乐，也确实是罕见。也许，春秋战国是钟磬发展的最高阶段。

蒋无间先生说："现在最完整的那套编钟，我们称它为曾侯乙编钟，它的音节是最全的。这套编钟仅仅比钢琴少两个八度，一共达到五个八度，从最低音到最高音，十二个音都有。"

"金石以动之，丝竹以行之"讲的是编钟在乐队中的领军作用，其实编钟还曾是古代度量衡的基准呢。

蒋先生说："我们吹的管子，它有长度，竹管的音高就是以它的长短变化来决定的。我们可以从老远的地方吹一个竹管的音对上远处传来的钟声，这个音对准以后，再以吹管的长度来决定竹管的长度。"

这个竹管就成为一个长度的标准，

磬

进而确定容积、重量，所以度、量、衡就统一到一个编钟的音高上了。

编钟、编磬对我们来说还是比较特殊的乐器，只在大型的民族性文艺活动中能够看到，有些地方把它们当作旅游景点的一道景观。我们听到它们的名字，或者它们的声音，就会想到这是跟历史有关的。其实，编钟离我们的生活没有那么遥远，可能大家还记得中学物理老师曾经做过的实验，就是拿来好多大小一样的杯子，放在桌上，然后往里边倒上不同量的水，就做成一组水杯编钟了。

（吕洁）

黄鹤楼古乐团演奏磬

长短不同的竹管

黄鹤楼古乐团表演的《春江花月夜》

NO.18 鼓乐齐鸣

陶鼓

　　不管什么时候，只要鼓声一响，这人的精神气儿就来了。鼓乐喧天这个场面对中国人来说实在是太熟悉了，无论是过年、过节，还是喜庆丰收，都少不了鼓。在古代，军队打仗或者是围猎的时候，也少不了鼓。鼓一来可以用做号令，二来可以鼓舞士气。关于鼓舞士气，有一个例子是说，远古时候的黄帝和蚩尤打仗，黄帝总是打不赢蚩尤。最后他想了一个办法，做了80面鼓，这个鼓的声音传得很远，一震500里，连震3 000里。靠着这80面鼓的声音来鼓舞士气，大壮军威，黄帝最后才打败了蚩尤。

黄帝做的是夔牛鼓。据说夔居于大泽，水陆两栖，每到雷雨季节就发出令人震撼的吼叫，先民把夔奉为雷神和音乐之神。

陶鼓

在古文里，夔通鼍。鼍就是扬子鳄，用鳄鱼皮蒙面的鼓叫鼍鼓。出土的鼍鼓鼓腔里散落有鳄鱼皮，所以夔牛鼓的传说可能就是真实的历史。

甲骨文的鼓字，多像一个人在旁边敲鼓。

鼓的象形文字

看来，鼓从远古走来，它的样子、打法基本没变。从隆隆的鼓声，我们可以推断，那是先民能够发出的最大声音。

鼓，很可能是他们狩猎时驱赶野兽的工具。

古人击鼓围猎

也有人认为，古人类部落之间距离遥远，当需要相互帮助的时候，鼓声就是最好的联络信号。

那么鼓是怎么变成乐器的？有"江南鼓王"称号的李民雄老先生认为：

江南鼓王

鼓在乐器中的领军作用
（黄鹤楼古乐团表演）

绛州鼓乐

黄河锣鼓

周武王把商朝灭了以后，有一个乐舞反映的是周武王灭纣的军事活动，叫作《大武》，共分六段，第一段就是从鼓开始：是故以为警戒。那就说明从《大武》开始，鼓扮演的角色就是乐器，它在伴奏乐舞。

在一场庆功乐舞中，战鼓变成了乐鼓，这个说法似乎可以接受。

鼓在不同地区、不同民族中发展成不同种类，它的大小不同，形制不同，打击方法也不同。

鼓有上百种叫法，在山西有绛州锣鼓，欢快的鼓点从远古一直传到今天。以鼓为主旋律的鼓吹乐更是从民间走入了宫廷。

历史上有一篇文学名作叫《鼓吹赋》，里面有"鼓砰砰以轻投，萧嘈嘈而微吟"的句子，非常生动地描绘了鼓吹乐演奏的场面。鼓吹乐就是打击乐和吹奏乐合奏，有的时候还要加上歌唱。这样的一种演出形式，最初在民间很流行，后来又从民间走入了宫廷，主要用于一些

制鼓时刨皮

仪式或军队中。后来它又从宫廷回到了民间，像明清时期的西安鼓乐、十番锣鼓等。大家对鼓都很熟悉，也许有读者会认为，做鼓的人也有很多。事实不是这样。

寻找制鼓的艺人没有想象的那么容易。在苏州城的边上，有一位在当地很有名的制鼓艺人——陆荣根师傅。他说现在愿意学习制鼓技术的人越来越少了，这种手艺面临失传的危险。

制鼓的关键技术是制皮，皮的厚薄、均匀程度直接影响到鼓的音质。刨制皮革是最难掌握的技术之一。

大家平时看到的鼓实际上都是一根根木条刷上牛皮胶拼接出来的，每一根木条里面都要有弧线，这样做出的鼓腔才有好的共振效果。一般讲鼓肚大，声音就大，鼓腔壁的厚薄也影响鼓的声音。坯型晾干后再抛光就形成了一个完整的鼓腔。

陆荣根说："鼓边一定要挫平，挫不平的话，蒙起皮来有吱吱的声音，音色不好。这是做鼓的主要问题。"

最后，把事先做好的皮子，再用水泡软了就可以蒙到鼓腔上了。

现在鼓面用山羊皮和牛皮，山羊皮音质好，但韧性没有牛皮好。一般艺人用的都是牛皮。当然，古人的鼍鼓用的是鳄鱼皮。如果技术发达一些，人造皮革能够取代兽皮，那将

晒鼓皮

制作鼓身

蒙鼓皮

绷鼓皮

是动物们的幸事。

几千年前总没有千斤顶吧，不知我们的先民用什么来拉紧皮子。

陆荣根说："蒙皮的时候一定要把它拉开，这样子蒙了以后不会掉音，也不会今天蒙，明天低（陷）下去。"

用脚踩，用木片刮，都是为了让皮革柔软和结实。鼓面的弹性好，鼓声才会铿锵有力。

一个老师傅介绍说："油漆是祖传的配方，配方的主要成分就是猪血和干粉两样配起来，然后再刮上去。刮了几次过后，干了它就牢固。等到干透了，上油漆的时候，光洁度就高。"

在山西，人们曾经发现了用掏空的树干作鼓身的鼍鼓，专家考证距今有4 000多年历史。虽然鼓面已经没有了，可那鼓身上还有彩绘的痕迹，不知现在制作的鼓在4 000年后会是什么样子。

鼓是最古老的乐器之一，是"八音"中的"革"，也是"群音之长"，常常是鼓声一响，器乐齐鸣。

中国古代的器乐合奏，乐队是没有指挥的，跟西洋音乐不同。可是这么多人怎么才能知道什么时候开始演奏呢？总得有信号吧？信号还是会给出来的，那就是用很古老的一种乐器，它的名字叫柷。其实就是一个木制的大方斗，中间是空的。乐队要开始演奏了，就会有一个乐长用锤子在旁边敲一下，发出了声音就表示演奏开始。它发出来的声音很简单，后来慢慢地柷的地位就被鼓取代了，因为鼓的声音变化多样。不光声音变化很多，鼓本身还可以单独用来演奏乐曲。像唐玄宗李隆基就特别喜欢用羯鼓来作曲。羯鼓是从西域传过来的一种鼓。李隆基本人很喜欢击鼓，据说他身边的人听他击鼓就能听出他的喜怒哀乐，就能听出皇帝现在的心情是怎样的。

鼓声可大可小，可长可短，随意性很强，人们在击鼓时常常是情绪激昂，踏着鼓点起舞。

钉鼓皮

上漆（家传秘方配制的油漆）

制作完成的鼓

湘西锣鼓

"鼓王"李民雄（上海音乐学院教授）说："击鼓艺术有自己的民族特点。一个是声音，通过敲击声音的节奏来感染听众；另一个，是用肢体的动作，用美化了的舞蹈动作来配合，造就了雅俗共赏，形与音兼备的一种艺术。比如说我们讲敲击发声，就可以用动作，把民间的拳术、剑舞、体育活动当中很多的动作融合到敲鼓的技巧里面。"

绛州鼓乐《滚核桃》

不同的年龄，不同的民族，甚至不同的肤色，不同的阶层，用鼓表达的却是相同的感情，这也是鼓能够从远古走向今天的主要原因。

一对细小的鼓槌在她们的手中上下翻飞，如果先民看到这一幕，也许惊讶现在的人们把鼓玩成了这个样子。人们已经不满足鼓面的敲击，鼓边、鼓帮、鼓钉都成了音乐的表现手法。绛州鼓乐《滚核桃》就用这小小的鼓槌把丰收的喜悦传达了出来。

鼓是精神的象征，舞是力量的表现。《周易》里说"鼓之舞之以尽神"，鼓舞结合到一起让人们看到的是生命的律动。随着时代的发展，"鼓舞"一词的含义也从一般的鼓与舞，引申发展成为激发人们奋进的精神力量。

鼓，在这片辽阔的大地上已经敲响了几千年，希望它能长久地响下去。

（吕洁）

黄鹤楼古乐团表演的鼓乐

NO.19 书架的故事

仿明代书格

书架的故事源于书的故事。在书极为珍贵的年代，书被放进做工精致的樟木箱子里、被锁在书架上。而今天，书和书架却成了家里的装饰物。

有一个美国人写过《书架的故事》，讲的是书架的一些历史。其中有一段就提到在印刷术发明之前，书都很珍贵，有的书只有一本，还都是手抄本。那个时候的图书馆里的书架上就会拴有铁链子，为什么呢？要把这个书牢牢地拴在书架上，免得有人看完之后顺手牵羊。

我们今天说的书架是一个广义的概念，讲的是放书的家具。在形状

现代书架

清华大学图书馆

古代用的书籍

和用途上，有什么能比普通书架更显而易见呢？一格一格的书架上，书像军人一样骄傲、笔直地站成一排，书脊朝外，让人们清晰地看到书的名称，这好像是不分图书馆还是家庭藏书，也不分国家、地域，约定俗成的事情。但是以前，书是这样摆放，书架是这样的吗？

过去没有书架，人们都是用箱子装书，那时的纸都是木浆做的，很容易招虫子，很多人就用樟木箱子来装书。

樟木书箱，也不是所有的人都能用得起。但是箱子可能是先人用来装书的主要贮具。我们不妨先来看看中国历史上的书，因为有了书才会有书架，所以书架的故事源于书的故事。

研究古籍的学者从形态上一般把书分成三个阶段：结绳书、简策书和线装书。

简策书是中国古籍最早的正规书籍的形态，出现在西周时期。那时的人们席地而坐，家里的主要家具是屏风、幄帐、筵席和几案，零散物品都放在竹编或者木制的箱子里面，简策书自然也是放在箱子里面。在河南信阳出土的一个木箱里还有专门修治竹简的工具。

线装书

东汉时期蔡伦造纸和隋唐时期的雕版印刷催生了中国的线装书，这时的书也不再稀有。书多了，就有了专门放书的家具——笈。过去的戏剧里面常常有负笈赶考的学子。这个时期，人们的生活方式受到外来影响，从席地而坐过渡到垂足而坐，椅凳出现，其他家具也跟着高了起来。人们在箱子下加脚，就成了柜子，柜子里打上隔断又成了橱柜。南宋刘松年的《唐五学士图》里就有一个明显的书橱。那时还将空读诗书不解其意的人称为"书橱"，可见当时专门放书的橱柜已经很常见了。

竹简

古代的人席地而坐

现在的书，往这书架里立着放是没关系。过去的书要么是成盒装着，要么就是平放在书架里。如果现在买了这样的书，然后又不想放

笈

古代的书柜

南宋刘松年《唐五学士图》

仿古书格

清朝的多宝格

在盒里，又不想平放，怎么办呢？还可以用一个小工具，那就是书挡。

书挡应该是从西方传过来的，中国古代的线装书当然也没有立着放的。一摞摞的线装书平躺在书橱里，书名写在书的底端，便于人们查找。

中国古代的家具在明清时期发展到了鼎盛，而放书的家具也不单是书橱，还出现了书架、书格。今天，书架成了一般家庭书房里的主要摆设，而书格则成了喜欢古典家具的人的最爱。在北京的郊区就有许多仿制古典家具的企业。

古代的书格和现代书架最大的区别就是连接处用的不是销钉，而是中国古代的榫卯结构。

书格和书橱的区别是没有门儿，而且四面透空，分层而设，只在每层两侧及后面各装一道较矮的栏板，目的是使书册摆放得整齐，也显得高雅别致。明代的书格也叫架格，造型通常都比较简单，给人的感觉质朴大方。

书格在清朝的时候，装饰的痕迹就越来越重。

清朝初年，著名的戏剧家李渔提到，橱柜要多设隔板和抽屉，并身体力行设计制作了一批家具。隔板和抽屉使得家具更为实用，书格中间平装的抽屉可以放一些纸墨等杂物，同时还使得书格更加牢固。

清朝中期以后，出现了一种用横、竖板将内部空间分隔成若干高低不等、错落有致的架格，因为它和明代的书格趣味大有不同，所以称为"多宝格"。由于多宝格是从书格演变而来的，所以多宝格在那时也是书房的家具之一，许多人也在多宝格上放书。

现在有些反映汉唐历史的电视剧里出现了书格、多宝格的画面，这是对古典家具的历史不了解造成的。

今天，人们在书格的前面加上一道玻璃门，书格就演变成现代的书柜。

在西方的绘画中我们看到一种大转轮书架，李约瑟认为这种旋转书架是从中国传来的，但在中国古代家具的研究中，却没有人提到过这样的书架。

无论在哪个国家，书架的命运都和书的命运息息相关，在信息技术发达的今天，书和书架会走向哪里呢？

现在有了数字图书馆，大家研究过它的很多优势，比如说节约能源、节约纸张、节约空间。另外，它对图书资料的长久保存有好处，还便于人们查阅、浏览等。有这么多优势，人们也在想，以后这个数字图书馆甚至说数字图书，会不会取代传统图书馆和传统的纸张印刷的图书呢？如果是这样的话，那书架是不是也就没有了呢？所以说书架的命运是和书连在一起的。

从珍贵得被锁在书架上的书到放进光盘的数字图书，人类迈出了重

相传中国的转轮书架

带铁链的书架

现代化的密集型书库

要的一步。但是数字图书的确无法取代纸质图书。书承载的是人类的智慧，这种形式是数字无法替代的，那么书架也就不会消失。只是古老的书箱或书架已经无法承担保存古籍的重任，现代的书架，先进的技术就被利用起来。

现代书库用的是密集型技术，在密集型书库，可以很好地做到防虫、防潮、防光，钢铁的应用可以增强书架的支撑力，而滑动的书架可以充分利用有限的空间。

在清华大学图书馆有这样一个书库，书库里的书架是用铸铁和钢构架组成的，这些书架又支撑了半透明的玻璃地板的构架，厚厚的玻璃地板可以透过足够的光。

书从原始的平放状态到直立状也有麻烦。当书装满以后，从书堆中抽出一本书来可不容易，有人就在书架上打蜡，还有些专门从事书架设计的人干脆将汽车油漆刷在书架上。这种油漆有很好的耐磨性，书就很容易推进推出了。

今天书架的尺寸和古代的也有所不同。古时的书是宣纸做的，而且平放，所以书架搁板间距比较大，搁板也比较薄，书架也比较深。而现在的书多是木浆纸，尤其是铜版纸制成的书很重，再加上书是立着放，传统的书架尺寸已经不再合适，无论是隔板之间的间距、深度，隔板的承重都需要重新计算。由于现在书的尺寸五花八门，现代书架的隔板多是活动的，可根据所放图书的类型随意调节。

书的历史是久远的，但现代意义的书架的历史却并不长。即便是古典家具最鼎盛的明清时期，书架、书格也只是少数人家的摆设。今天，几乎家家有书架，而书架的意义也超出了放书的概念，在许多家庭里，书架成了装饰物。

（吕洁）

NO.20 蓝印花布

旧时的一家染坊

在明清时期，江苏、浙江等地区手工棉纺织技术十分发达，蓝印花布工艺也随之得到普遍应用，所以当时染制蓝印花布的作坊，发展成为有规模的街市。蓝印花布质朴素雅，蓝白的韵味使人自然地联想到青花瓷。这种手工印染品独特的艺术魅力，主要来自它的一种印染工艺。

目前能看到的最早的蓝白印花棉布，是一块蜡染布料。据专家推测，蓝印花布的染色技术源自古老的蜡染工艺。蜡染是用蜂蜡作为防染剂，染色时，布上涂蜡的部分不会着色。蓝印花布和蜡染的印染原理相同，它只是用更为廉价的碱性防染剂，代替了较昂贵的蜂蜡。技术上的这点突破，才使得蓝印花布能得到广泛的应用。

赵丰（中国丝绸博物馆研究员）："中国古代一开始用的是直接印花。直接印花是什么概念呢？就像盖图章一样盖上去。因为盖图章印上去的东西是一种颜料，一种矿物颜料，它跟织物之间的黏合，不是通过化学结合，而是通过另外一种黏合剂粘上去的。而中国真正的制造丝绸，或者纺织的艺术方面的那些图案，用的是织造的方法。但是织造的方法比较费力，后来就有一种防染印花方法进入到这个行业。"

这种防染印花技术被称为灰缬，就是用灰浆一类的东西防染，在唐代就出现了。蓝印花布白色部分就是因为染色时有防染剂涂在此处，保留了布匹原来的白色。蓝印花布防染浆剂的原料是石灰和黄豆粉。石灰是碱性物质，能防止染料上色；黄豆粉属于淀粉类物质，可以黏附

出土的蜡染布料

传统制作过程

拌好浆

在织物上。两种材料按照一定的比例混合，用水合成防染浆剂。

准备给布上浆

据考证，唐代是用草木灰等作为碱剂，在丝绸上进行防染。因为丝绸不耐碱性，所以这种防染技术就很少被应用。元末、明清时期，棉布大量生产，棉布和染蓝的靛蓝都恰好适合在碱性环境中染色，所以明清之后，蓝印花布的印染工艺得到了广泛应用。

如何使这些防染剂在棉布上绘出图案呢？关键是使用了一张镂空花版。刮浆工人将花版放置在白布上进行刮浆。防染浆剂透过花版的镂空部分，漏印在布面上，印出了染料无法渗透的图案。这些图案就是蓝印花布的白色部分。

这些镂空花版也是手工制作的。在涂过桐油的牛皮纸上，勾出大体的图案，用自制刻刀镂刻。镂刻中主要采用断刀的刀法来表现大块图案，这也是蓝印花布中最典型的刀法。构成纹样的斑点互不连接，使花版不至于破损。花版镂空后，再刷几遍桐油，一来是增加厚度，保证漏下去的防染浆不至于太薄，被色彩渗透；二来也是加固花版，使其能够反复使用。

上浆

刮好防染浆的布匹要阴干后，才能投入染缸染色。

染池看似一池池蓝水，但拨开表面，染料真实的色彩却是绿色。这似乎在告诉人们它来自植物。中国蓝印花布使用的染料，是从蓝草中提取的植物染料靛蓝。布从染缸里出来，由绿变蓝，靛蓝稳定地染色凝固结合在布上。在古代的印染工艺中，靛蓝是使用最早、应用最广泛的一种植物染料。早在3 600年前的夏代，我国就已经开始种植蓝草用于染色了。明清以来，棉纺印染集中的地区，不但种植着棉花，还种植着蓝草。《荀子·劝学篇》中有句名言："青，取之于蓝而胜于蓝"，其中的青就是指的靛蓝。

布匹在染缸中，没有防染浆的部分染上了蓝色，有防染灰浆的部分阻挡了染料渗入，保留了原先的白净，染缸水赋予了蓝印花布以灵秀之气。

染完色的蓝印花布，先要晒干或烘干。

用刮刀刮掉防染浆层，去了浅浮灰浆，密封处露出本色。个别灰浆块大的地方出现绽裂的纹路，入染后就留下很多不规则细纹，犹如瓷器上的碎花、开片，自然、古朴，是任何机械印染所无法模拟的。

花版

挂好浆的布

制作花版

染坊染缸

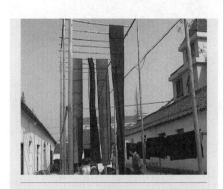
晾晒布

除去灰浆

石元宝

刮完浆的布清洗后要进行整理。传统蓝印花布最后的整理工序也别有特色。

赵丰说："这个石头称为石元宝，我们看它的形状就知道它像一个元宝，一般民间就称它为石元宝。它是在印染这个过程当中，用于最后一道整理工序。这个石元宝在使用的时候，是由一个人，手扶着两个杆，然后脚踩在这个石元宝的两端，最后把石元宝来回地摇。摇的时候，石元宝的底部是跟织物结合的，这个石元宝也可以前后左右地转动。前后左右转了之后，就可以把布均匀地全部压遍，最后得到一种比较紧密的、表层有光泽的织物。这种技术出现也很早，在汉代的时候，就有'砑子'，砑的意思就是压布，就是用石头来压布的意思。到了清代各个地方都有了石元宝。"

蓝印花布是我国民间传统工艺之一，质朴素雅、含蓄优美之中，饱含着浓郁的乡俗民情，让人回味无穷。

（闫珊）

NO.21 说 鼎

楚庄王

在古代，锅碗瓢盆的称呼是鼎、镬、簋、豆等等，为什么"鼎"这样一件食用器皿，能够脱颖而出，成为天下最高权力的象征呢？

春秋战国时期，春秋五霸之一楚庄王，有一次远征北方，周王朝天子就派了一个使者来见楚庄王。楚庄王一见到这个使者就问了他一个国家机密，一个很重要的问题。因为当时周王朝拥有九个鼎，这九个鼎从祖上传下来，代表了天下最高权力。楚庄王问的是，听说你们周王朝有九个鼎，轻重大小是怎么样的，还问了一些细节。那个周王朝派来的使

鼎字的甲骨文

者，很强硬地回答他说："治天下靠的是德而不是鼎"，就是不告诉他要问的内容。楚庄王很生气，说你也不用那么骄傲，我们楚国只要把我们折断的钩（一种铜兵器）尖收集起来，就可以铸九个跟你们一模一样的鼎。周王朝的使者还是不肯服软，说，我们周王朝虽然已经衰弱了，可是苍天还是照顾我们的。我们九个鼎的轻重大小，你还是不问为好。这就是历史上非常著名的问鼎的故事。简单地说，鼎就是古时候有三个足或四个足的一种容器，最早的功能就是用来装食物。这样一种容器，为什么会变成天下最高权力的象征呢？

张辛，北京大学考古文博学院教授，研究中国古代文化与礼制几十年，对位居礼器之首的鼎颇为了解。鼎究竟是怎样的一种器物，从"鼎"这个象形文字上就能看出。

张辛："甲骨文中的'鼎'，突出的是耳朵、足和它的器身。为什么要有耳朵？便于移动。为什么是穿耳？加热的时候不烫手，穿一根杠，即可把它抬起来。这个足主要是干什么呢？便于加热。一般的鼎，方者四个足，圆者三个足。三足立得更稳，所以有成语说三足鼎立。不择条件，任何情况下都能立稳。"

古代类似这样火炉和锅结合的造型，在食用器皿中还有鬲、甗等。鼎的特点是上有立耳，下有立足。当青铜时代到来时，鼎这种器型被

鼎、鬲等不同器物

鼎

大量复制，而鬲等器型融合到其他器形里，逐渐消失了。

青铜鼎是从陶鼎发展而来的，但在青铜鼎取代陶鼎的同时，鼎的功能也发生了重大转变，它由烹饪器转为礼器。历数出土的商周时代的青铜器就会发现，极少数鼎还有烟熏的痕迹，而大多数并非日常生活中用的炊具，主要是祭祀等礼仪场合使用的礼器。青铜鼎是最重要的礼器。

因为青铜鼎盛装的是祭品中最重要的物品，也就是牛羊之类的肉食。其次青铜鼎体态相对庞大，威仪凝重，往往摆放在宗庙里最重要的位置，所以它成为礼器之首。而中国古代是宗法伦理制社会，人们非常看重宗庙。

张辛："在古代，如果要夺取政权，首先要捣毁宗庙。如果要迁都，首先要迁宗庙。比如说周的建立，就是人们要盛放九鼎而建制的。鼎既然在宗庙里占如此重要的地位，它就慢慢地提升为宗庙的象征，慢慢地提升为国家政权的象征。"

因为青铜鼎特殊的象征意义，所以在等级制度森严的西周，不同的身份等级只能享用规定数量的鼎，比如天子用九鼎，诸侯七鼎，大夫五鼎，士三鼎。

从字面来看，"钟鸣鼎食"就是用钟来奏乐、用鼎来盛放食物。这个

采铜矿工具

词语非常生动，让我们非常形象地感受到了周朝人生活方式礼仪化的样子。说到鼎，最著名的可能就是司母戊大方鼎。过去历史书里都会提到这件文物，它是迄今为止中国发现的最重的一件青铜器，保存在国家博物馆。日常生活当中是绝对不会把这么大的鼎用作餐饮的，它们肯定有别的用途。什么用途呢？那就是礼仪。也就是说鼎到后来变成了一种礼器。像在商周时期，鼎就是非常重要的礼器。鼎是怎么从一种盛放食物的容器渐渐变成礼器的呢？

采铜矿场面

这种转变可能首要因素是青铜材料的珍贵。青铜是人类最早冶炼和使用的合金，通常由铜与锡构成。铜和锡的矿山往往位于边远地区，辗转运输动辄千里，青铜的珍贵程度可想而知。冶金活动是人类早期最高的技术成就，青铜器的制作在当时也是国家行为才能组织完成的高科技。

苏荣誉（中国科学院自然科学史研究所研究员）："整个过程非常复杂，技术含量非常高，再加上资源比较稀少，当时青铜是非常珍贵的。我们从青铜器铭文上可以看到，皇帝对很重要的功臣，所赏赐的东西仅是很小的一段装饰品，即放在车马上的装饰件，可见当时的铜材料的珍贵。"

青铜器在商周时期是珍稀的、高端的技术产品，必为当时全社会特别是社会上层普遍珍视，因此很多青铜器包括鼎的制作，并非用于日常生活，而是成为显示尊荣、高贵、永久的礼器。

那么在礼仪中，古人具体是怎么使用青铜鼎的呢？今天的学者莫衷一是。张辛依据文献记载推断，古人是在镬里将肉煮熟，再放入鼎里调和五味。鼎中祭祀的肉食也是在做完仪式后拿出，分发给相关重要人物食用。

张辛："古书上有一个记载，叫'钟鸣鼎食'，过去很多人理解为用鼎来吃饭。实际上这个观点是错误的。为什么？因为鼎含铅非常高，我们不要低估祖先的智慧，他们也知道铅是有毒的。另外，在鼎里边放酒之类的东西，很快就会变味，奇臭无比——所谓的钟鸣鼎食实际上指的是高贵的饮食礼节。"

今天的研究发现，青铜里的确含有铅，有时铅的含量高达百分之十几到百分之二十几。如果用含铅的器物来烹饪食物，或者盛装食物的话，铅会进入食物中，引起铅中毒。但是古人是凭着经验在避免这种伤害，还是对此一无所知？

苏荣誉："中国对这个问题的研究还没有展开，在国外，对罗马人已经做过这方面的研究工作了。比如说罗马当时有发达的供水系统，那里的水管是铅水管，从而导致罗马人大量中毒。甚至有人推测，古罗马文明的衰落和铅中毒有很大的

古代青铜残片

张辛和学生在博物馆

鼎内的字

关系。当然也有一些人演绎推测，商代人比如用铜器来饮酒，也会引起铅中毒，说殷纣王暴虐的脾气是和铅中毒有关的。当然这是演绎，现在还需要进行求证。"

后母戊

随着商周时代逝去，鼎这种器型逐渐被人们冷淡。

陶鼎用于烧煮，青铜鼎用于礼器，昨天它的功能对今天又有怎样的价值呢？

今天能够看到的最早的汉字是甲骨文，接着就是青铜器上的文字，我们叫它金文。为什么叫金文？因为青铜本来的颜色和黄金一样，是金色的，所以古时候的人就把铜叫金。那么刻在或者铸在青铜器上的文字就叫金文了。青铜是生锈以后才变绿的。金文还有一个名字叫钟鼎文。钟是青铜器里面乐器的代表，鼎是青铜器里面礼器的代表，对古人来说，铸造青铜已经算是那个时代的高科技了，有着非常复杂的工艺。在这么复杂工艺基础上为什么还要费力地铸造一些文字，他们究竟想通过这些文字表达什么内容呢？

有一件似鬲似鼎的器物，是目前出土最早的有铭文的青铜器，器物内壁上有一个字，表示该鼎所属的家族。

由此推断，后母戊方鼎上的字"后母戊"，就是商文王祖庚为祭祀母亲戊而铸造的祭器。

古人在进行一些重大活动时，往往要针对性铸造一批礼器，而且在这些器皿上铸字，以记录造器的缘由和活动的情景。因为鼎的体积大，所以很多铭文就铸在鼎上。似鬲似鼎器物上的文字，记载该鼎的主人德受到周王赏赐的贝二十串，于是造此鼎记录。西周时代的贵族常把获得

德鼎及上面的字

的恩宠，铸鼎铭记，以显示尊荣。

从工艺上看，铭文一种是在铸鼎时就铸上去的，一种是鼎做好之后再刻上去的。

苏荣誉："早期的铭文都是铸造的，到了这个时候铭文有铸造的，也有刻上去的。这样的变化很重要一个理由是因为当时钢铁技术已经成熟了，可以用更锋利的工具，把字刻在上边。刻名比铸名，从工艺来说简单省事得多。"

古人铸鼎铭记的做法，戏剧性地使青铜鼎在今天价值倍增。因为当时写在竹简帛书上的文字，今天基本已化为灰烬，而青铜鼎上铭文则保留下了很多的古老文字和历史信息，成为珍贵的研究资料。

鼎的形制和意义就这样被流传下来，现在在很多隆重的场合人们还是会铸鼎。比如说在联合国成立50周年之际，中国政府就向联合国赠送了一个世纪宝鼎，中央政府还曾经向西藏自治区赠送了一个民族团结鼎。也许过去鼎代表的是至高无上的王权，而现在它代表的是威严、庄重和力量。

（闫珊）

NO.22 古玻璃美饰

一组古玻璃饰物

说到琉璃，人们会想到琉璃瓦。其实"琉璃"在中国古代是对现代"玻璃"和"琉璃"的混称。玻璃的历史很古老，那么神秘的古玻璃是什么样呢，它又是用来做什么的呢？

战国时期有一个很著名的人物吕不韦，他的父亲是做珠宝生意的，他卖的珠宝当中有一种很珍贵的就是琉璃珠，也就是人们今天说的玻璃珠。那个时候的琉璃珠不仅是价格非常昂贵的珠宝，而且还是身份和权贵的象征。我们现在说起玻璃来，总觉得这是近代才发明的东西，其实

战国玻璃珠

不然。在很多国家，很早的时候就开始生产琉璃或玻璃制品，我们的祖先在西周的时候就开始做琉璃饰品了。

我们的祖先一开始使用玻璃，就拿它做装饰物了。战国时期流行一种"蜻蜓眼"玻璃珠，外形看上去像蜻蜓的复眼。

汉代乐府民歌《陌上桑》，描述采桑少女秦罗敷的美丽时说："头上倭堕髻，耳中明月珠"。这种耳饰"明月珠"就是玻璃。在那时，玻璃主要用来做一些饰物，比如发簪、耳饰、佩饰等。这些原始玻璃珠上，留有穿线的小孔，这在当时制作起来有一定技术难度。这是怎么做出来的呢？

周嘉华是中科院自然科学史研究所研究员，他对中国陶瓷以及古玻璃等技术史，有深入的研究。

周嘉华："这个问题很值得研究。不仅陶瓷、玻璃制品是这样，金属制品包括金银制品也一样，好多非常小的装饰品，中间有小孔。这个小孔怎么制出来的？可能途径是多样的，譬如说在矿料中间塞上一根金属细线，然后再烧烤，烧烤完了以后，再把细线拿出来，不就有孔了嘛。我估计方法可能比我们想象的还要高明，但现在还缺乏这方面的研究。"

女人用琉璃装饰自己，男人也用它来装饰自己的宝剑。越王勾践剑，其剑格上镶嵌着两块浅蓝色半透明的玻璃，吴王夫差剑的剑格上也嵌有玻璃。

蜻蜓眼等古玻璃

由于古玻璃珍贵，所以在主人死后，绝大多数玻璃饰物都随之陪葬，留传于世的很少。也正是因为玻璃难得，所以人们就对玻璃的发明附会很多传说故事。

关于琉璃饰物的起源，民间有个传说。范蠡为越王勾践铸了一把

勾践剑柄处的玻璃

王者之剑，要铸造3年的时间。剑终于铸成的那天，范蠡偶然发现在铸剑的模子里面，有一块很神奇的东西。这个东西经过烈火的锤炼，既有宝剑的霸气，又有像水一样的柔和的质感。范蠡就觉得这个东西不得了，它结合了天地阴阳的精华。于是他就把这件宝物和宝剑一起献给了越王。越王收下宝剑，又把这个宝物赐还给了范蠡，作为给他的赏赐，而且用范蠡的名字（蠡）来命名它。刚好那个时候范蠡爱上了美女西施，他就用这个"蠡"给西施打造了一件首饰。据说这就是最早的一件琉璃做的首饰。到了后来，越国快要亡国了，西施不得不到吴国和亲。走之前，

鱼龙作品

她又把这件用"蠡"做的首饰还给了范蠡，因为她很伤心，所以她就掉了些眼泪在这个饰物上。据说直到很久很久之后，人们在这件饰物上，都还能够"看到"西施的泪水在流动，于是人们又把它叫作"流蠡"。据说这就是"琉璃"这个名字的前身。传说毕竟是传说，它的真假我们也无从考证了。不过，我国琉璃的发明，或者说玻璃的发明，确实和青铜冶炼技术有着不

脱出蜡型

可分割的关系。

在冶炼青铜的过程中，各种矿物质熔化，在排出的铜矿渣中就会出现拉成丝的或结成块状的硅化物，这就是玻璃。由于一部分铜粒子侵入到玻璃中，因此玻璃呈现出浅蓝或浅绿色。

周嘉华："玉石是在大块的石头里磨出来的，它表面也是灰蒙蒙的。把外面表层打掉，玉石才露出真面目。除了玉石之外，人们追求装饰物要带有特色。玻璃这类东西就很有特色。"

最早这种古玻璃不能做成大的器物，所以大多用于制作装饰品。而制作玻璃饰物和器皿，还借鉴了青铜等金属在铸造上使用的失蜡法，制作玻璃器物称为"脱蜡铸造法"。

在北京一家制作琉璃器物的作坊，这里的各种玻璃饰物都是用传统的脱蜡铸造法制作的。主人龙小波为我们展示了制作鱼龙摆件的过程。

首先他雕出设计的鱼龙作品的立体模型，然后再翻出一些蜡模。这是将冷却后的蜡模从硅胶石膏模中脱出，其中镂空与倒角的细节转折处，在拆蜡时极易损坏，必须小心拆取。在修饰后的蜡模外包裹耐火石膏，加温脱蜡后，就是个石膏模具。这是现成的玻璃原料，它们要被放进另一个容器中，熔化后再流入石膏模具。为了控制作品出来后的颜色搭配，就需要设计摆放不同玻璃原料的位置。

摆料

古代玻璃器物

龙小波："根据作品的不同（色彩需要），选取不同的琉璃原料。比如说鱼龙，希望它的头顶是比较偏黄色、偏金色一点，鱼龙的下半身希望偏蓝色一点，偏水的颜色，黄色原料先放在盆的偏底部，蓝色的原料放在上面，黄色的原料先流下去，它就在头部，蓝色的原料后流下去，它就在底部。"

将整个石膏模与配置好的玻璃料，放进炉内烧制，玻璃熔化，缓慢地流入石膏模内成型。经数天缓慢降温，去掉它外面的石膏，再通过切割、打磨、抛光等多道工序，一件晶莹剔透的琉璃制品就形成了。各部位的色彩之间还形成了一种自然流动。

在汉代，人工烧制出来的玻璃制品，色彩鲜艳多变，所以玻璃也有"五色玉"的称号。其实玻璃呈现不同颜色是因为它里面含有不同的金属氧化物造成的，例如绿色是因为其中掺入了氧化铁成分，氧化锰产生紫色，氧化铜成分能使玻璃呈现蓝绿色等。古代工匠虽然不知道其中原理，但在实践中发现某类矿物能产生某种对应颜色，自然就会反复使用这种制作色彩的方法了。

现代的玻璃基本上都是透明的，而古代的那些琉璃饰品，几乎都是不透明的，颜色、质感都很像玉。这是为什么呢？是那个时候没有把玻璃做透明的技术呢，还是故意留着这个东西的颜色和质感，不想让它变成透明的呢？

据记载，过去曾做出过较透明的玻璃，但我国的古玻璃大多不透明，有一种浑浊感，看上去似玉非玉。其实我们的祖先很多时候是模仿玉器来制作玻璃器物的。战国时期的玻璃璧，看起来很像玉璧。现存的玻璃璧，全部都是不透明或半透明的，外表酷似玉璧。这些玻璃璧，在考古发掘中，如果不仔细辨认，就会被误以为是玉璧。

玻璃璧

在北京百工坊一家玻璃料器坊，料器工艺美术大师邢兰香正在教儿子制作如意挂件。这种制作方法不同于脱蜡铸造法，而是将现成的玻璃棍加热烧化，用镊子在烧软的料上雕琢成各种造型。这种制作方式要求制作者必须掌握玻璃的性能，还要将作品造型烂熟于心，在很短的时间里一气呵成，否则玻璃可能就无法融合或炸损。

邢兰香："这个琉璃做出来，特别逼真，而且晶莹剔透，颜色仿玉，有时候能达到以假乱真的程度。"

美国研究古玻璃的专家经过化学分析，找出了中国玻璃璧制造的奥秘：中国古代玻璃主要成分是铅钡。由于钡在玻璃中能产生一定的浑浊度，使玻璃不透明或半透明，

邢兰香做玻璃装饰物

看起来像玉，所以他们认为，中国古代玻璃璧中的"钡"可能是作为一种配料有意识加入的。但多数学者认为，古玻璃的浑浊感还是当时技术所限造成的，正巧这种似玉的效果为中国人看好，所以直到今天，虽然早已能制作透明玻璃，但人们依然保持着对玉的爱好，还在制作仿玉的玻璃饰物。

我国古玻璃的铅钡成分，虽然容易形成玉的成色，但这种材料烧结温度较低，所以这种玻璃器物易碎，不适应骤冷骤热，相对而言只适合加工成各种装饰品、礼器等，用途狭小。这自然限制了中国古玻璃的发展。

现在玻璃的饰物又回到了潮流当中，有很多琉璃作坊，他们会制作一些漂亮的玻璃工艺品或者首饰。但是有一个条件不能忽略，那就是无论是供欣赏的琉璃摆设还是戴的首饰，都缺少不了光和影对它的衬托作用。

（闫珊）

NO.23 悠悠古钟

塘沽铁钟

古老的钟，悠悠千年，至今还为我们所用。为什么人们钟情于它呢？它又有怎样的成长故事呢？

2005年有一条新闻很令人关注，那就是英国向中国归还了一件文物：一口铁钟。这口铁钟铸造于清朝光绪年间，原来是悬挂在天津大沽口炮台，在八国联军入侵期间，被英军当作战利品掠夺走了，所以它的回归是一件大事。由于这件文物相当珍贵，有关单位决定以它为原型，复制三件仿制品。

因为是复制，铸造厂首先从原件上脱出一个外观完全一样的蜡型。

铁钟蜡型

这是一个典型的中国钟的造型，上部是圆桶状，下面口微微向外张开。

今天人们习惯认为，钟就应该是圆桶状，其实这种横截面是圆形的钟，是从魏晋南北朝时才出现的。那么圆形钟从何而来的呢？在此之前的钟又是什么模样呢？

夏明明（中科院传统工艺与文物科技研究中心客座高级工程师）："根据出土的文物来看，可以证明是这样的，我们常看到的这些横截面为正圆形的大钟，源于商周时期就出现的横截面为合瓦形的编钟。编钟又源于夏商时期就有的铜铃，像二里头文化出土的铜铃，它就是合瓦形的。铜铃还应该有它的上溯的发源，从出土的实物来看是陶铃，到陶铃之前就没有了。"

陶铃、铜铃、编钟的形状和圆口钟的形状明显不同，它们的形状是合瓦形，就像两块瓦片合在一起。合瓦形的特点，是能在钟体不同位置确定高低不同的发音，而且钟声短促。编钟是乐器，如果尾音太长，演奏时声音就会相互干扰。圆口钟只要体现一个音，需要尾音绵长，而这种正圆造型能产生很强的共鸣，使钟声雄浑、悠长。

当编钟随着先秦礼制的崩溃而逐渐被人淡忘，圆形钟随着佛教传入而出现，所以一般认为中国圆形

铜铃

钟是受了外来钟铃的影响才出现的，但中国把它发扬光大，形成了自己的风格。

但多数人还是认为编钟是圆形钟的主要源头，因为编钟的钟壁垂直，这正是中国圆形钟上部钟壁垂直呈桶状造型的来源，也是中国钟区别于西洋钟的造型特点。

西洋钟钟壁短，口沿外张幅度大，从内部敲击，音频高，声音短促、高昂。

中国钟钟壁长，口沿外张幅度小，从外壁敲击，声音低沉、悠长，而这雄浑悠长的钟声主要源自钟的上部相对垂直、较长的桶状结构。

夏明明是一位钟铃专家，对传统铸钟工艺有深入的研究和丰富的实践经验。他告诉我们，中国钟的钟壁做得上下厚薄不一，还使钟的口沿略微外张，以增加钟声的浑厚效果和穿透力。

夏明明："据说这里边还有一个故事。早期有一个宋代的钟，也是钟壁垂直，铸完以后不仅频率低，

扁钟

扁钟与圆形钟外形对比

西洋钟外形特征表示

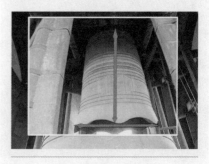

中国钟外形特征表示

撞了以后就裂掉了，裂掉以后就找了一些工匠去修这个钟。怎么修呢？用铁箍子把钟口箍住，不仅钟声能够听，还听不出裂的声音，而且声音更高了。他们发现口沿加厚、钟口外张，可能会提高频率，所以做下一个钟的时候口沿就加厚了、外张了，一点一点总结，就总结出这个规律来了。"

将模具埋在地下

一个我们见怪不怪的造型，背后却有着迷人的智慧和故事。

有一句人们很熟悉的诗："姑苏城外寒山寺，夜半钟声到客船。"这里敲钟是为了弘扬佛法。过去有很多古城会造钟楼，钟楼里的钟是用来干什么的呢？是用来报时，也可以叫时钟。还有一些钟造出来不一定是为了敲响，而是代表一种精神力量。所以钟常常会唤起我们心里一种很庄严、很崇高的感觉。现在为了纪念一些重要的事情，也常常会选择铸钟这样的方式，而且还要沿用过去传统的铸造技术。在中国古代是非常喜欢用铜来铸钟的，不论是铜钟，还是铁钟，就铸造的技术而言，大体上差不多。

浇注铜水

大沽铁钟的复制品采用的是古代铸造技术中的失蜡法，把黏土、砂及其他一些材料混合，再附在蜡型内外，这样就做出了模范。模具定型后要加温，蜡熔化流出，模具中间的部分空腔就是铸件的形状。

浇铸前模具要多次在炉火中焙

烧，以免铁水浇入时温差太大造成模具的破裂。

现在把模具再埋在地下，这样能减轻浇铸时铁水对模具向外的压力，同时有利于铁水温度的缓慢降低。

开始浇铸时，铁水从预留的浇铸口倒入。因为模具的内部是互通的空腔，所以从一个口浇入，其他三个口很快就溢满了铁水。这就表示浇铸过程很顺利。

承接复制大沽铁钟的郝永文工程师，以前也做过不少传统器物，但他说铸钟要比做其他器物难。

郝永文："铸造其他器物只要外形像就行了，其他的无所谓，它不要求音响效果，而铸钟是最难的。"

铁水冷却后脱去模范，大沽铁钟复制完成了。

如果要铸造形体更加巨大的钟时，如何制作和搬动更加巨大模具呢？又是如何同时炼出这么多的铜水呢？

北京城钟鼓楼的报时铜钟，是明代永乐年间铸造的，重达63吨，是我国目前最重的古钟，它的体积重量太大，不能采用失蜡法，它采用的是另一种古老的铸造方法——泥范法。先在地下挖个大坑，在坑内做出泥范，然后将泥土填入坑内，夯实，再浇铸。

铸好的铁钟

苏荣誉是中国科学院自然科学史所研究员，负责中科院传统工艺与文物科技研究的工作，多年致力于中国青铜技术史的研究，对古代冶金铸造情况很熟悉。

苏荣誉："一次熔化这么多铜，就需要很多炉子。有各种各样说法，

钟鼓楼上的报时大钟一

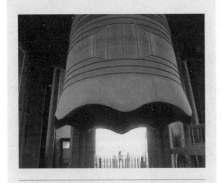

钟鼓楼上的报时大钟二

专家苏荣誉在观察大钟

说当时用了80个炉子，还有说是100个炉子，这都有可能。当时的炉子一个不会重一吨，炉子连续作业、连续熔化，但是熔化速度是有过程的，就分批浇铸，这个钟设计了6个浇道，从顶浇，从下面往上缓慢地浇。可以看出，每注入一次铜，到一个地方，再去熔炼，再去浇铸，这样就形成了若干接缝，一直到顶部，完成了这么大的铸件。"

元、明、清三代都城的报时中心北京钟鼓楼，每日始于晨钟，止于暮鼓，这口报时铜钟，成为封建皇权的象征以及标准"北京时间"的象征。

说到钟鼓楼的永乐大钟，还有一个故事。当年铸这口钟的工匠，虽然费尽了心血，还是担心自己最后会铸造不成功。在浇铸这天，他的女儿跳到了铜水中，铸造就成功了。我们发现在古代铸造史上，类似的故事还有很多，比如著名的雌雄宝剑干将莫邪，据说就是干将的夫人莫邪跳到了铁水当中才铸成了

埋在地下待浇注时的动画模型

这样的绝世宝剑。在这样一些传说故事背后，究竟是完全的迷信，还是隐藏着一些铸造史上的秘密呢？

这些故事虽然都是传说，但说明了铸造一直是充满风险的工程，任何环节失误，都可能导致钟体出现断裂，或音效不理想。现存北京大钟寺里明代魏忠贤的钟就因为铸造环节出了问题，钟挂起来是歪的，敲起来还是哑的。

影响钟声有两大因素，一是钟的结构，第二就是材质。铜钟里杂质多，声音就不会那么浑厚，所以冶炼时要尽量把铜里边的杂质排除掉。

苏荣誉："从科学上来解释的话，人体含有大量的磷，而铜里边最大的杂质是氧，要把氧从铜里脱出来，磷是最好的脱氧剂，现在有色冶金里也会加入磷来把氧脱尽。人体有磷，和熔化的铜里的氧结合，会使铜变得更加纯净。这个钟的材质应该是相当完美的。"

有了这样的解释，对现代人理解古人的行为方式，还是有很大帮助的。今天人们还在用传统方式铸钟，但是今天的环境和过去不同，城市噪音、高层建筑等使得钟声的传播接受情况有变化，所以夏明明教授他们铸造新的钟时，就会重新改进钟的造型。

（闫珊）

NO.24 说 壶

一组壶

壶兮壶兮出谁手，鬼斧神工原不朽。

郑板桥写过一首诗，有点像谜语："嘴尖肚大耳偏高，才免饥寒便自豪，量小不堪容大物，两三寸水起波涛。"这说的就是古代器物——壶。郑板桥在这首诗里说的一定是那种小小的紫砂壶，而不会是茶馆里的大茶壶。现在我们说到壶，最多的联想就是茶壶了。中国饮茶的习惯是在唐代以后才兴起的，那么唐代以前呢？那个时候的壶是什么样子，又是用来做什么的呢？

早期的壶是什么样子呢？从"壶"的古字形上，就能看出它的模样。

从字体上可以看出，这种器物上面有盖，两侧有耳，颈部略细，腹部较大，但是没有壶嘴和单手持的柄。

有一尊汉代的壶，是清华大学美术学院王建中教授的收藏品。王建中老师研究陶瓷造型艺术和中国陶瓷艺术史20多年，对中国古代壶颇为了解。他收藏的壶没有壶嘴和壶把，那该怎么用呢？它好用吗？

王建中："汉代的盘口壶，从造型上看非常周正，有颈，双系（有人也叫耳）使用的时候是端拿的，端起来倒，掐脖子不行，两个耳也没法用。一条条纹饰既有装饰作用，又具防滑功能。另外，它下部比较小，便于端拿，用起来很方便。"

当然，壶要比象形字诞生得晚，最早的要数新石器时代先民用陶土做的壶，从其造型上看很难说适合装什么，也可能是当时人们外出汲

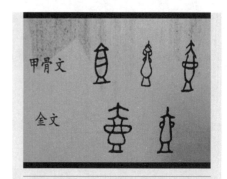

壶的古字一组

汉代壶

王建中拿着壶在介绍

最早的壶

像葫芦的壶

青铜壶

水的工具。但从大致的分类看，壶的形体相对比较复杂，因而出现时间比盆、罐等器具要晚。这种器物的造型又是来自哪里呢？据说先民做壶最先是模仿葫芦的形状。先秦文献中"壶"这个字有时就是"壶卢"的简称，指的就是葫芦。

进入青铜时代后，人们用青铜来制作的青铜壶基本上也没有壶嘴，不过大多有提梁和壶盖。商代人善饮酒，壶因为带盖，对盛酒、温酒来说是非常合适的容器，所以当时的人主要用壶盛酒或盛水。

魏晋以后，青铜器不再为人们追捧，陶壶、瓷壶开始流行。

有的陶瓷壶很像是缝制的。的确，它叫皮囊壶，它的原型就是用牛皮做的，它们是古代北方游牧民族契丹人必备的一种饮水器具。

王建中："因为游牧民族骑马，他的壶要挂在马脖子的两侧，假如是圆罐子，它就会在前面晃晃悠悠地动，很不方便，因此就做成扁的，有壶嘴，便于使用。有的时候上面有小把儿，把儿也做成骑马的人物，非常有特点。"

契丹人后来的生活方式有所变化，皮囊壶的皮子逐渐被陶瓷取代，但造型却是完全模仿，甚至连皮革的接缝和细密的针脚都模仿得惟妙惟肖。

前面介绍的都是没有壶嘴、壶把的壶，那么我们今天熟悉的壶型，是什么时候才出现的呢？

有一些喜欢追根溯源的人，会不断地探究壶的演变和演变的背景，人们在一种造型非常漂亮的壶具身上，找到了壶具发展史上一个关键性的转折，那就是晋代流行的鸡头壶。

鸡头壶整个壶看上去像鸡的造型，鸡头为壶嘴，鸡尾是壶把的位置，有的鸡头壶壶盖就类似鸡冠。鸡头壶是壶这种器物发展的一个重要转折点，从这时开始，壶从没有壶嘴、壶把，过渡到我们今天熟悉的壶型。

王建中："早期的鸡头壶鸡头造

皮囊壶

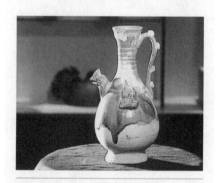

鸡头壶

细长口的壶

专家在看模具

从模具中取壶体

扎小孔

型就是一个小小的比较写实的鸡头，没有什么功能，只是装饰，是实心的。后来，鸡头从写实到比较抽象，最后的鸡头则只能从鸡冠上看出鸡的形象，而它的壶嘴已经变成一个圆圆的小孔，不是严格意义上鸡的形象了。它把这个装饰变成了具有功能性的造型，比如可以倒出酒来。"

我们现在称的壶嘴，专业上又称为流。有流比没有流的壶方便了不少。后来人们又发现，流的长短粗细和使用的方便程度相关，于是有的壶的流逐渐加长。唐代的壶的壶嘴短而直；宋代的壶的壶嘴细而长，在斟酒时细长的壶嘴不容易溅出酒来。一般酒壶壶嘴较细，而茶壶的壶嘴相对粗一些。

壶是它（象形字），壶是历史（鸡首壶），壶是一种手艺，壶是一种生活。

在唐山一家陶瓷厂，这里做的是骨瓷瓷壶。

这些壶，用手工揉捏出壶的基本形状，或在转盘手工拉坯做壶，这里做的是注浆壶，就是利用模具做出壶的器形。

戴吾三是清华大学科技史暨古文献研究所教授，他曾从科技史角度，研究整理了一些古代器物的资料，对壶的最新发展也很关注。

戴吾三："做一把壶要比做一个盘子和碗复杂。壶由几个部件组成，每一个部件都要单独来制作，再把它组合在一起，因而它的工序就比较多，相应的技术含量也较高。"

在陶瓷厂一把壶是如何做成的？

首先把专门制作这种瓷壶的泥浆，灌入专门做壶身的模具里。

待泥浆凝固后，再把模具打开，就得到还没有壶嘴、壶把和壶盖的壶身了。这时泥浆虽然已经定型，但还是很柔软，很便于做一些精细修理。

接着要给位于壶嘴的地方扎孔，小孔是为了防止茶叶随水一起流出。西方的咖啡壶就不需要这个设计。

从模具中脱出壶把和壶盖，工人们要趁着壶体还很柔软的时候，

从模具中取出壶把

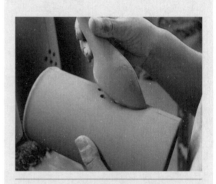

粘壶嘴

做成型的壶

抓紧整理。因为模具接缝处会有泥浆渗出，所以要将这些突出部分除去。同时壶嘴、壶把和壶体的接触部分，都要靠手工削出。

每个工人都要完成一个壶的全过程，再将壶的各个部分组合在一起时，最关键的是壶嘴、壶把要对接准确，工人们称为顺线，否则就成了残次品。

做好的壶烧制、上釉，就是人们看到的精美壶具了。

（闫珊）

NO.25 杆 秤

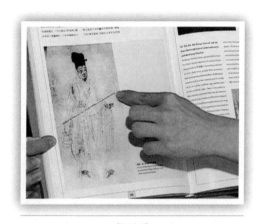

执秤图

"权衡"一词最早指的是一样东西，"权"是秤砣，"衡"是秤杆，权衡就是杆秤！由于称重量时，秤砣和秤杆一定要合在一起使用，所以就习惯称为"权衡"。别小看这个司空见惯的杆秤，它的使用历史可是长达2 000多年，为什么杆秤会这么有用？秤杆、秤砣之间隐藏着古人怎样的智慧呢？

南朝人张僧繇画了一幅《执秤图》，画中有一个拿着秤的人。这幅画中的秤应该算是有记载、有形象、最早的秤的样子。是什么人发明了这么聪明的一样用具？虽然我们现在追溯不到发明的源头，但是非常幸运的是，做杆秤的工艺流传了下来，我们从中也可以体会到古人的智慧。

张柏春等人正在研究杆秤

中国科学院自然科学史研究所，办公地点在一个清代王府大院，他们的研究领域也是古色古香的，主要研究中国古代及近现代科学技术史。张柏春研究员十几年来一直研究中国古代技术，1998年开始，他同德国马普学会科学史研究所合作，调查研究我国古老的传统工艺和科学知识，并与欧洲做比较研究。其中他们对杆秤做了详细的考察，选择的样本分别是北京通县和长沙的杆秤手艺人，他们做出了整理记录。

很多人小时候玩的游戏之一就是做杆秤，用一根筷子当秤杆，找个铜钱当秤砣，做出的小秤还能称些东西。但如果是这么简单的活儿，可能就不会有这些代代相传的手艺人了。做杆秤关键是要做到度量准确，要达到这一点，靠的是祖上传下来的几十道甚至于上百道工序。看上去构造如此简单的秤，其中却隐藏着古人代代积累留传下来的很多智慧，最典型的要算是划分秤杆上的刻度。

制作秤杆

如果你对杆秤有一定印象，当秤盘里没有放东西，提起秤绳，移动秤砣，就能找到一个使秤杆平衡的位置。这个动作也是师傅们确定杆秤刻度的关键性一步。这个能使空秤平衡的秤砣所在位置，就是划

找准星

分杆秤刻度的最重要的起点，它被称为准星，其他的计量分配以此为起点，推算划分。只把准星等两个重要位置找出来，其他的刻度就用他的专业工具两脚规来划分。两脚规看起来实在不起眼，但我国南北方各地的制秤工匠就是靠这个简单工具，做出精确的刻度分配的。

杆秤在世界很多国家都有，张柏春研究员他们研究的课题之一，就是对中国和欧洲的杆秤进行对比。那么欧洲杆秤的刻度是怎么做上去的呢？

张柏春："西方人做杆秤用金属，中国用木材。用金属做杆秤，他就得用更硬的金属模具，在上面直接凿出秤的刻度来，秤星也不能随便改变。为了制作不同称量能力的秤，则先要做出不同的模具来。中国就不同，一根木杆，要想做出多大的秤来，由师傅自己来掌握，木杆长一点、短一点，他都能做得出来。"

相对来说，欧洲杆秤比较讲究规范化，中国杆秤在计量上要做准确这样一个大的原则下，更富于变化。比如做一个20斤的秤，秤杆可以是2尺，也可以是3尺，这要看选择的秤砣的大小。这种情况下我们用两脚规划分尺度就很灵活，而计算起来就会是非常复杂的问题。所以古代的算学先生，相当于今天的数学家，经常会拿杆秤的算题作为数学难题进行破解，比如某秤的秤砣丢失，如果换一个某斤的秤砣，如何找出准确刻度等。

光说过去用的秤砣，其实式样就有很多种，比如有铁做的，有石头做的，还有用瓷做的。以前有钱的商家或者是商号，他们会在铁铸的秤砣上特意浇铸上自己商号的名字。既然秤砣有多种样子，还要用它们来

用两脚规划分刻度

张柏春看四川秤匠做秤

欧洲的秤

匹配大大小小各不相同的秤，这个标准又如何统一呢？

先来看看如何确定杆秤的度量标准。过去也当过杆秤师傅的杨竹海，现在通州计量检测所工作。因为所里只有他懂得杆秤，所以只有他有检测杆秤的资格证书。他现在需要检测的杆秤，只有还在中药铺里使用的小型杆秤戥子。他用来验秤的工具，是国家的标准砝码。

杆秤在制作和检测时，都使用国家标准砝码检验。这种检测制度可以追溯到秦代。在杆秤发明和普遍使用之前，秦始皇已经统一了全国的度量衡。尽管我国南北各地都有做杆秤的，一些制作手段也略有不同，但标准量是统一的。

如果发现做秤用秤时计量做假，要进行相应的处罚。比如秦律严格规定了使用度量衡器具允许误差的范围，超出误差的，就要对主管人员罚以铠甲或盾牌等物品。西汉时规定，如果使用不合标准的衡器，主人要服徭役。唐代的惩罚手段之一是

打孔

处以杖刑。自唐以后各代的典章中，都有关于惩处违反计量公平、公正行为的法律条文。

从前人们不仅把杆秤作为日常称量的器具，而且也视之为吉祥之物，寓意"有秤当家，家财兴发"，因为买进卖出，靠着一杆秤当家。杆秤计量准确，要靠师傅手艺和国家法度来当家。

以前听过很多这样的故事，就是说有的人心眼坏，他就在这个秤上做手脚，比如说把秤杆弄成空心的，然后灌上水银，那他收租子的时候，就可以多收一些，等到他卖货的时候，让水银流到另外一边，还可以少卖一点，总之就是多占一点便宜。做黑心秤的，当然除了在杆秤上做手脚之外，还有人会在秤砣上做手脚。在做秤的行当里面，师傅们要遵守祖先流传下来的规矩，那是非常多也是非常严格的。

因为木秤杆受潮会使计量出现偏差，还要给秤杆打磨上蜡。北京师傅是给木秤杆上打蜡，湖南长沙的师傅用中药五味子熬汤涂抹，四川师傅是涂抹生漆。做出一杆合格的秤，除了靠技术功夫，还要恪守祖辈师徒相传的行业规矩。钉秤工匠相传杆秤的关键刻度，是太上老君制定的。太上老君根据天上的北斗七星和南斗六星，确定出秤上的刻度标准，所以秤上的刻度就叫"星"，又或秤星、星花。后来秤杆上又增加了三星，称为福禄寿三星，象征人间"福禄寿"。

张柏春："秤上的每一个秤星对应着天上的星座，对应着福禄寿，如果他做秤的过程中亏了人家的分量，比如说北方的师傅就讲，如果亏人一两，他折寿就要一年，他们都很信这个，是行规，要自律。如果信这

用铜丝做准星

磨秤杆

看自己做出的秤

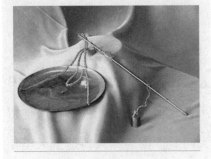

戥秤

个东西，他自律很好，那么从他这里就不做假，他不会为了一点小的动作而使自己折寿。做假的人经常还是用秤的人。"

杆秤慢慢地退出了历史舞台，现在杆秤被什么替代了呢？就是到处可见的电子秤。其实杆秤在一个地方现在还是可以看到的，那就是中药铺里面。我们会看到人们用一种小型的杆秤（也叫戥子）来称量药材。说到杆秤的发明人，好像是无从追溯了，但是戥子的发明人历史上是有记载的，他是宋朝人，名字叫刘承硅。他是专门负责管理皇家的贡品收藏的，他发明了这个小小的计量仪器，就是为了用它来称量金锭、银锭，或者是那些非常名贵的香料或者药品。据说戥子的精度可以达到现在的30毫克，这在世界范围内都是非常罕见的。

秤不管大还是小，原则都是一样的，那就是一定要公平。

（闫珊）

NO.26 针灸铜人

针灸铜人

北宋仁宗统治时期，社会生活相对稳定，科技领域出现了很多革新性的发明和发现。

宋代的矿冶业产量巨大，技艺高超，出现了一些巨型铸件。

宋代以前，经络学说逐渐发展完善起来。临床实践也使针灸技艺日臻完美。北宋翰林医官王惟一生卒年都不详，但他做的几件事却使他留名青史。他奉诏铸造供教学用的针灸铜人两具。因为铜人铸造于天圣年间，也被称为"天圣铜人"，是我国最早的一件精致的针灸教学和考试的

王惟一

铜人

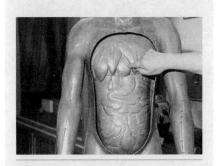

铜人内部

脉络图

模具。

专家介绍说："针灸铜人是男性青年，裸体直立，身高与普通人相仿，全部用精铜浇铸而成，周身圆润，形象逼真。他的胸背两面可以开合，打开可以看到浮雕式的五脏六腑，合上则全身浑然一体。体表刻有十四经脉循行线路和354个腧穴名称。周身657个穴位孔和中空的体腔相连。当时两具铜人一具被放在医官院，一具被放到相国寺。"

王惟一为了和铜人匹配，还根据前世流传的《明堂针灸图》和经络孔穴，撰写了《新铸铜人腧穴针灸图经》，并将经文雕刻到石头上。

铜人可以作为教学模型给学生讲授经络穴位和针灸技法。考试的时候，将铜人的通体穴位孔用黄蜡封闭，体腔内注满水银，再给铜人穿上衣服，遮蔽所有穴位。考试的学生如果行针刺正了相关穴位，则水银可以从小孔中流出，否则针根本无法刺入。

宋仁宗也感叹针灸铜人设计铸

造的精巧，他说："铜人使宫中的宝藏黯然失色。"

北宋的后期，国力日渐衰微。到了靖康年间，宋在和金的战争中处于极端劣势。当时，金人和宋朝的停战谈判条件之一就是要求得到一具针灸铜人。后来宋徽宗和宋钦宗被金人掳走，同时被掳走的还有一具针灸铜人。

另一具针灸铜人在战乱中下落不明。

被金人抢走的那具铜人后来曾经由建造北京妙应寺白塔的尼泊尔巧匠阿尼哥整修过。当时人们对铜人有"叹其天巧，莫不愧服"的赞叹。

到了明代，按照宋铜人"翻模"重新浇铸的明铜人和宋铜人一模一样，可以算是宋铜人的克隆。此后宋代的"天圣铜人"就不知去向了。

当年的石刻《新铸铜人腧穴针灸图经》，被当作了修筑城墙的砖石。到了20世纪60年代，北京在拆除明代旧城墙时发现了五块当年的石刻残片。

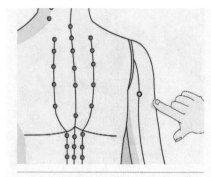

黄蜡封闭的穴位孔

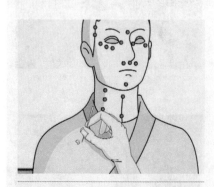

行针正确时穴位孔中流出水银

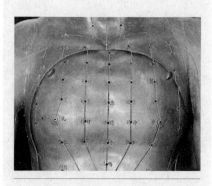

每个穴位是一个小孔

有一种说法，这尊铜人后来流失到了海外。目前日本国立博物馆中有一尊针灸铜人被怀疑是北宋铜人之一，可是学术界有人质疑，认为宋代的铜人更为高大勇武，这具似乎不具备宋代铜人的遗风。

制作铜人图

明清时期官家、私家都制造了大量的针灸铜人，不仅有男性的，还有妇人和小孩的铜人模型。

针灸铜人还被传到了藏蒙地区，这一带的铜人带有鲜明的地域特征。从一些铜人的发饰及莲花座的造型看，它受到了佛教文化一定的影响。

其他针灸人

针灸铜人是我国古代铸造技艺和医学理论成果的完美结合。

针灸铜人经历了几个世代，见证了民族科技的发展和国运的兴衰。它的流徙，也让不同地域、不同文化的人们了解了中国古老的针灸疗法，客观上起到了文化传播的作用。

（施东飞）

NO.27 针灸术

片头

　　在一块现存的汉代画像石上，有一个人首鹊身的神鸟正用一根石针刺向人体，替人治病，据说这鸟就是古代名医扁鹊的化身。这说明早在汉代以前，针刺法治病已经相当普遍了。中国的传统医学源远流长，其中以针灸术的历史最为悠久，可以算得上是整个中医的发端。针灸是针术和灸术的统称，因为它们都是通过刺激穴位、畅通经络来治疗疾病的。

　　早在旧石器时期，我们的祖先在生活中就使用经过简单砍砸加工而成的锋利石器切开痈疮，排除脓肿。到了新石器时期，人们开始打磨更

扁鹊

古针灸图

古医疗器具

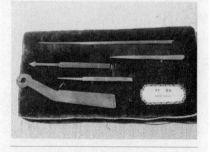

竹针

为光滑的石器，其中专门用来治病的叫作"砭石"。《说文解字》里说："砭，以石刺病也"。

砭石之后，人们也尝试用不同的材料进行针刺治病。如青铜、骨和竹。

上古时代的巫师在占卜时，经常用各种材料点燃烧灼龟甲，看其中纹理的变化来预测吉凶。最早是以桑木、枣木、柏木等八种材料取火，古称"八木取火"。后来就选用芳香、可燃性好的艾叶作为燃烧的材料。

《诗经》里说："彼采艾兮，一日不见，如三岁兮"，可见采艾为药的历史十分悠久。孟子也曾说："七年之病，求三年之艾"。说明至少在公元前4世纪艾灸疗法已经广泛应用了。

在进行这类活动时，人们偶然发现烧灼针刺到身体某些部位可以达到减轻病痛的目的，于是最早的针灸疗法诞生了。

甲骨文中的"伊"字就像是持针的手刺向一个人的背部；而金文

"灸"字则像在人腿周围用火灸灼的形象。

在用针刺和艾灸治疗的过程中，人们发现了奇妙的经络现象。那么经络到底是什么呢？

程莘农（中国工程院院士）："经络看不见，摸不到，甚至在解剖上也找不到实物，然而我们每个人都可以感受到经络的存在。按中医的说法，经络就是人体气血运行的通道。而穴位是其上不同的点，类似于不同的车站。我们通过针刺或者艾灸位于经络上的穴位就可以治疗相关的疾病。"

战国时成书的《黄帝内经》中"灵枢"一段详细地介绍了一些针灸的手法，把经络总结为12条，奠定了针灸学的理论基础。

马王堆出土的汉代《足臂十一脉灸经》已经对经络有了详细的记叙。周代以后，我国开始出现金属的针灸用针。西汉刘胜墓出土的4枚纯金的针，是早期的针灸专用针，其形制和《黄帝内经》描述的九针

骨针

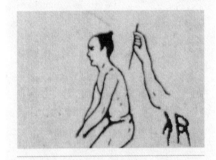

古医病图

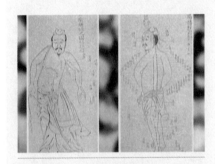

穴位图

古针

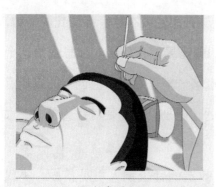

针灸图

皇甫谧

古书中的记载

极为相似。现代经过复原仿制的金针用于治疗依然可以发挥神奇的效用。

民间对针灸术通常都有着许多颇为神奇的传说。一次，扁鹊路过赵国，听说赵太子刚刚故去，他仔细地询问了太子的症状，认为太子并没有真正死去，不过是患了尸厥症，类似于现代的休克。于是他吩咐弟子子阳研磨石针，针刺太子的三阳五会穴，过了一会儿太子果然苏醒过来了。后来人们都传扬扁鹊的神针可以起死回生。

晋代皇甫谧著有《针灸甲乙经》，是我国第一部针灸学专著，其中记载了654个穴位，成为古代的针灸教材。

孙思邈擅长针灸，一次他为一个腿痛的病人针灸，按以往医书记载的穴位扎了几针，病人仍然疼痛不止。他想，难道除了书上讲的穴位外没有别的新穴位吗？于是他尝试着在病人的腿上轻轻地按，按着按着，病人忽然叫了起来："啊，是，

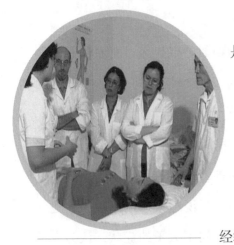
针灸应用

是这儿!"孙思邈就在这个部位扎了一针,病人的腿痛果然止住了。孙思邈给这个穴位取名"阿是"穴。他创立的以痛点取位的"阿是"穴,是对针灸学的一大贡献。

宋代敕造的针灸铜人更是精妙,不仅经络、穴位标识明确,还可以用于针灸学生的示教和考试。

其后,中医针灸学经过历代医学家的不断丰富和完善,逐渐形成了丰富而全面的学科体系。

王渝生(原中国科技馆馆长):"为什么和中国有类似文明进程的其他国家和地区没有出现针灸和经络学说的理论体系呢?这体现了中华民族的先祖怎样的智慧呢?中医的经络学说和针灸疗法和中国古代哲学中的'阴阳互补''天人合一'思想契合。不同于其他文明中的纯经验性的诊疗特点,中医针灸术是在形成了一个完整的医疗体系后经过一代代人的不断发展和完善才达到了如今的境界和水准。符合中医的整体治疗观念,即摈弃了'头痛医头,脚痛医脚'的狭隘诊疗观。"

针灸,在现代社会被许多人称为中国的第五大发明。现今,我国的针灸疗法在继承和总结前人经验的基础上有了长足的进步,形成很多令人眼花缭乱的针法。

针灸疗法,古老而常新。

(施东飞)

NO.28
木牛流马

木牛流马

《三国演义》第一百〇二回——"司马懿占北原渭桥，诸葛亮造木牛流马"，讲述了诸葛亮六出祁山时发生的一段神奇的故事。诸葛亮想从后路包抄司马懿，但笨重的双轮马车根本无法翻越蜀国崎岖的栈道。然而，诸葛亮最后还是把天府之国的粮食运进了关中，运到了战争前线。驮载粮草的就是"木牛流马"。

那么，什么是木牛流马呢？

巴蜀栈道曲折狭长，长约600千米，人称"五尺道"。唯有木牛流马成功地征服了这艰难的道路。《诸葛亮集》中就曾记载："木牛者……载一岁粮，日行二十里，而人不大劳，牛不饮食。"

沧海桑田，古人没有为我们留下图纸和说明，这些只言片语，无法破解现代人心中的谜团。于是，关于木牛流马，有了种种不同的传说。

虽然不知道谜底，考古专家们还是根据历史文献中的蛛丝马迹找到了解谜的线索。所谓"载一岁粮""日行二十里"，相当于载着250千克的粮食，按照每次往返两到三个月的速度进行运输。而木牛流马从设计制作，到投入使用，前后不过一年的时间，按照这样的运力和速度，为蜀国十万大军运输粮草，车辆总数应当不会少于几千辆。能够大批量的生产，就说明木牛流马的结构不会过于复杂。同时，纯木质的材料构成，又表明车体间存在着比较大的摩擦因数，所以，类似永动机的说法难以成立。就此，考

诸葛亮一

古栈道

诸葛亮二

汉砖上的鹿车

独轮车

汉砖上的车

自制独轮车

独轮车图

古专家们推断，木牛流马很有可能是汉代的鹿车，也就是独轮车。

上古时代的运输，全靠人力来完成；后来，又以马、牛等牲畜来驮运。随着社会的进步，出现了车这种陆地运输工具。秦汉时期，以双轮车为主。到了汉代，还出现了稳定性强、载重量大的四轮车。然而，这些车辆对于路况有着很高的要求，一旦遇到崎岖狭窄的道路，就无能为力了。西汉末年，独轮车应运而生。因为只需一个轮子，轻巧方便，极大地提高了车辆的适用性。山东嘉祥武梁祠画像石中，就保留有当时独轮车的画像记载，而这距离诸葛亮的出生，至少还有30年的时间。正是在这样的启发下，诸葛亮设计出了"人不大劳，牛不饮食"的木牛流马。

今天的人们根据资料和想象复原了木牛流马。车马馆王馆长介绍说："只不过是一种刹车装置。牛头主要起装饰作用。车厢的两边属于箱子，用于装粮食，或者装其他物品。"

其实，将独轮车说成木牛流马，也并非空穴来风。因为，它的结构形式正是模仿自牛马的驮运。

山区的老木匠制作的独轮车，其制作方法，跟1 000年前的制作方法几乎没有什么差别。

似牛马驮物

拱起的车梁如同牛马的脊梁，而两只用来运载货物的车筐分别放置在两旁，仿佛搭在牛马背上一样，不同的只是牛马的四肢变成了一个轮子。车子依靠人的推动来前进；当物品特别沉重时，可以一人或一畜在前拉，一人在后推，共同协作。此外，车轮处还设计了一个车闸，轻轻拉动线绳，就可以控制车速。

车的支点图

比起汉代的独轮车——鹿车，木牛流马有了不小的进步。鹿车的重心位于轮子着地点与推车人把手处中间，也就是支点和力点的中间。这样一来，从杠杆原理上看，人们推着鹿车，必将花费很大的力气，上面往往只能运载一个人或一个箱子。木牛流马则不同，它在左右两

行车图

边对称放置了两个筐子，拉长车身，把作为支点的车轮移到车子的中部，如此调节，大大减轻了推车者花费的力气，运载量更是比鹿车增加了一倍。

古人与独轮车

然而，关于木牛流马还有许多神秘的传说。比如，原始的木牛流马是否真的有令人迷惑的牛头马面？牛头中是否真有一个秘密机关，拉动后方可行走？这些千年谜题，也许要等明天的人们才能解开。

时光飞跃到21世纪，公路上穿行的是越来越先进的汽车，可谁也不能忘记，在幽幽的岁月中，那一部部推着历史前进的独轮车。直到今天，在那遥远的山区小路上，人们依旧能看到它的身影，听到那车轮压在山路上的吱呀声。

（王非）

NO.29 风筝

风筝

有一位风筝老艺人，据说他已经做了几十年的风筝。别看风筝在天上飘飞得那么轻盈，扎制起来可并不那么简单。扎制风筝时需要用到的工具一般有：刀子、纸、胶水、蜡烛、竹片等。

制作风筝，首先是制作风筝的骨架，制作骨架的材料是竹片。这些竹片经过精心地劈和削成形，才能成为骨架的材料。

取已经削制成的竹条，经过慢慢烘烤成型，才好使用。接着就是扎制了，主要是把竹条搭好形，然后用细绳轧制成所要的形状。但是要注意，扎好的骨架要左右对称，这样吃风面积才会相当，放飞更容易。

接下来是糊和绘。根据具体情况，可以先糊后绘，也可以先绘后糊。但糊一定要保持全体平整，干净利落。而绘呢，要做到远眺清楚，近看有真实感，这其实是体现风筝艺术价值的地方，可以说风筝好不好看就全在笔绘了。经过这些工序之后，一只漂亮的风筝就扎制成功了。

风筝真可谓是能飞翔的艺术品，古往今来一直为人们喜爱。在我国古代就出现过许多描写风筝的诗，唐代的元稹就写过一首叫《有鸟》的诗，他是这样形容风筝的："有鸟有鸟群纸鸢，因风假势童子牵。"由此我们发现，被人们喜爱的风筝，那时被称为"纸鸢"，那么"风筝"一词又是由何而来呢？

明代陈沂在《询刍录·风筝》中这样写道："五代李邺于宫中作纸鸢，引线乘风戏。后于鸢首，以竹为笛，使风入竹，如鸣筝，故名风筝。"

在清末的瓷盘上，人们意外地发现了风筝纹饰，在《清明上河图》上人们也同样发现了风筝的痕迹，这些事实有力地证明了风筝早在宋朝之前就已经存在。那么，它究竟起源于何时呢？

冷世祥（风筝协会副会长）："关于风筝的起源现在有几种说法：第一种说法：《韩非子·外储说左》记载'墨子为木鸢，三年而成，蜚一日而败。'《墨子》也记载鲁班曾制作过木鸢，曰：'公输班制木鸢以窥宋城。'因墨子与鲁班同是鲁国人，所以说风筝发源于齐鲁一带。'墨子为木鸢，三年而成，蜚一日而败。'讲的是，墨子花三年时间做了一只木鸢，结果只飞了一天就掉下来了。'公输班制木鸢以窥宋城'的意思是说，公输子鲁班做了一只木鸢用来打探宋城的消息。第二种说法是羊车儿之说，在 2 000 多年前是作为战争工具出现的。相传楚汉相争之时，韩信让人在山坡上放起一只大风筝，并让善吹箫的人伏卧其上，同时让军队唱起楚歌，这样使得楚军官兵思乡心切，不战而败。后来，据说唐朝的张丕被围困时，也是利用纸鸢来传信求救兵，才反败为胜的。"

唐代中期，社会繁荣稳定，使得传统节日极为盛行，这就带动了各种文化娱乐活动的发展，而一直被用于军事上的纸鸢，随着清明节的兴起，开始转入民间。宋代开始，制作风筝成为一种专门的职业。

岁月悠悠，古老的风筝已经发生了很大的变化，它已由当初造型单一、色彩单调的简单风筝，发展到了造型各异、丰富多彩的现代风筝。

世界上最小的风筝，长仅有7毫米，宽也只有7毫米，别看它个儿小，可是"麻雀虽小，五脏俱全"。

风筝的变化真是让人叹为观止，而它对其他学科的影响也是不容忽视的。1752年，美国科学家富兰克林第一次利用风筝探出了雷击的本质就是电；1901年，意大利人马可尼和塞德琼斯在大西洋两岸利用风筝做天线，进行了无线电通讯试验，取得成功。世界航空史上记载，"世界上最早的飞行器是中国的风筝和火箭"。

昔日战争的硝烟已渐渐远去，而古老的风筝留给我们的是无尽的遐想与思考。

（姜丹）

NO.30 中华古韵
——陶埙

片头

　　华夏古韵，源远流长。伴随着古老先民的繁衍生息，这片东方沃土孕育了世界上最古老的乐器。编钟——距今已经有2 400多年的历史；琴、瑟——早在《诗经》中就曾提到过。不过，最古老的乐器当属吹奏乐器，而埙，就是其中的一员。埙是中国特有的闭口吹奏乐器，形状多种多样，大部分为平底、卵形。埙的材料以陶土为主，有时也能见到石制、骨制的。考古研究表明，早在六七千年前，埙就已经广泛存在于河姆渡文化及半坡文化等史前文化之中了。

埙的发明来源众说纷纭，我们能见到的最古老的埙出土于浙江余姚市河姆渡，造型十分简单，只有一个吹孔。那么，它是怎么过渡到今天可以演奏乐曲、拥有20多个音的乐器的呢？

陶埙

　　任何事物的发展都要受生产力的制约，乐器的产生与发展也不例外。埙是原始先民们在长期生产劳动实践中逐步创造出来的。它最早的雏形是狩猎用的石头，也就是古书记载中的"石流星"。由于石头上有自然形成的空腔或洞，当先民们用这样的石头掷向猎物时，空气流穿过石上的空腔，形成了哨音。这种哨音启发了古代先民，他们便吹奏带空腔或洞的石头模仿动物发出的声音，使它成为一种诱捕猎物的工具。后来，当古人"击瓮叩缶"之时，它便具备了乐器的功能，埙才正式宣告诞生。

古乐队

　　埙的历史虽然久远，但它的发展演变却非常缓慢。从1个孔到6个孔经历了约3 000年的时间，跨越新

原始埙

七千年前的埙

演奏

实践中有了埙

石刻吹埙

石器时代，直到殷商，它的造型才稳定下来，发音孔增多到5个，发音能力增强，表现力大大提高，已能演奏八度内的各个半音。后来，埙作为乐器进入宫廷乐队，根据古代音乐的雅乐、颂乐之分，被划分为雅埙、颂埙。汉代时，陶埙的形状再度发生变化，逐渐定型为下平上尖的卵形，并且出现了表现力更加丰富的七孔埙。

埙有好多形状，有椭圆形的、子母形的，还有鸭梨形的，等等。在分类上大体有两种，即：雅埙和颂埙。

埙的音色幽深、悲凄、哀婉、绵绵不绝，具有一种独特的音乐品质。古人在长期的艺术感受与比较中，赋予了埙与埙的演奏一种神圣、典雅、神秘、高贵的精神气质。《乐书》中说："埙之为器，立秋之音也。平底六孔，水之数也……"古人将埙的声音形容为立秋之音，闻听埙乐，仿佛能够打开人与自然沟通的大门，似乎人们可以从心灵中伸出

一孔埙　六孔埙

埙

一双手，去抚摸秋天——秋天是金色的，是冷静的，是令人深思的，满地的落叶，总使人平添几分愁绪。转眼间，时光流逝，更有一种积累在历史之中，怎样也挥之不去的悲凄和感伤。这就是埙的声音，这就是立秋之音。

早在战国之初，埙就广泛应用于宫廷的祭祀活动中。我国古代把乐器分为：金、石、土、木、革、丝、竹、匏八音，埙的音色柔美敦厚，神秘绵长，在整个乐队中起到填充中音、和谐高低音的作用，是"土"字部乐器中的代表。几千年来，埙一直都为皇族独享。由于埙的音孔少、音域窄，不能转调，音量小等原因，除了古代礼仪演出的宫廷庆典、祠宗庙、敬天地鬼神等演出，埙更多的是出现在宫廷房乐中，也就是我们今天所说的室内乐。因此，到了20世纪三四十年代，埙乐在公演中几绝于耳。直到新中国成立后，诸多专家对古埙进行了大胆的改进，研制出了九孔陶埙。九孔陶埙以古制六孔埙为基础，扩展其肩部和内胎，以增大音量，音孔增至八个：前六后二，加上吹孔、共为九孔。为便于运指演奏，其音孔按相似于笛子的音孔顺序排列。九孔陶埙扩展了埙的音域，增大了埙的音量，可以任意转调，由此，使这一沉睡了多年的古老乐器重新回到乐坛上。

那么，这古老的埙是怎样制作出来的呢？

吹奏

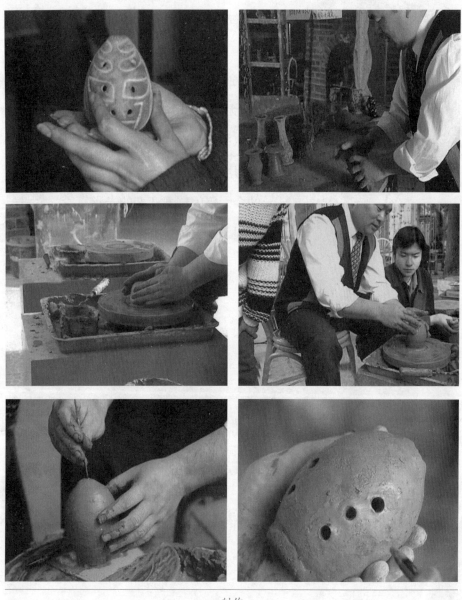

制作

　　埙有三种制作方法：第一种制造方法是手捏法；第二种叫轮制法，也就是拉坯；还有一种叫灌浆术。拉坯法制的埙内壁比较光滑，发音比较灵敏。音孔的大小是决定音高的因素，与它的位置没有任何关系。等到晾干之后就可以演奏了，也可以在晾干之后进行烧制，可以做成黑陶

埙

的，也可以做成普通的陶。

埙，是人类乐器的始祖。抚今追昔，它独特的文化神韵和悠悠风采，令人回味无穷。如今，陶埙已在今日中国民族乐队中普遍使用，更有不少著名的音乐家专门为埙谱写了乐谱。让古老的埙在日新月异的今天仍闪耀着奕奕的光彩。

埙，还在讲述它未来的故事。

（王非）